"十四五"职业教育国家规划教材

"十三五"职业教育国家规划教材

建筑工程测量 （第3版）

JIANZHU GONGCHENG CELIANG

主编■ 马小红　陈世文　宾　林　谭和明　刘　春

重庆大学出版社

内容提要

本书是建筑工程施工专业核心课程之一,是根据中等职业学校建筑工程施工专业的职业能力、教育标准、培养目标及该课程的教学标准编写而成。本书共 8 个模块,26 个任务,重点掌握各种常用测量仪器和工具的使用,主要内容包括:测量基础知识、水准仪测量技术、经纬仪测量技术、全站仪测量技术、GPS 测量技术、其他工具及仪器的测量技术、大比例尺地形图的测绘与应用、建筑施工测量。

本书可作为中等职业学校建筑工程施工专业的教学用书,也可供工程技术人员参考使用。

图书在版编目(CIP)数据

建筑工程测量 / 马小红等主编. -- 3 版. -- 重庆 :
重庆大学出版社,2022.1(2024.7 重印)
中等职业学校建筑工程施工专业核心课程教材
ISBN 978-7-5624-9687-8

Ⅰ.①建… Ⅱ.①马… Ⅲ.①建筑测量—中等专业学
校—教材 Ⅳ.①TU198

中国版本图书馆 CIP 数据核字(2022)第 011260 号

"十四五"职业教育国家规划教材
中等职业学校建筑工程施工专业核心课程教材
建筑工程测量
(第 3 版)

主 编 马小红 陈世文 宾 林
谭和明 刘 春
策划编辑:刘颖果 范春青
责任编辑:范春青 版式设计:范春青
责任校对:王 倩 责任印制:赵 晟

*

重庆大学出版社出版发行
出版人:陈晓阳
社址:重庆市沙坪坝区大学城西路 21 号
邮编:401331
电话:(023) 88617190 88617185(中小学)
传真:(023) 88617186 88617166
网址:http://www.cqup.com.cn
邮箱:fxk@ cqup.com.cn (营销中心)
全国新华书店经销
重庆亘鑫印务有限公司印刷

*

开本:787mm×1092mm 1/16 印张:14 字数:351 千
2016 年 2 月第 1 版 2022 年 1 月第 3 版 2024 年 7 月第 13 次印刷
印数:34 001—38 000
ISBN 978-7-5624-9687-8 定价:42.00 元

编委会

序 言

党的二十大报告强调"办好人民满意的教育",要求"统筹职业教育、高等教育、继续教育协同创新,推进职普融通、产教融合、科教融汇,优化职业教育类型定位"。中共中央 国务院印发了《扩大内需战略规划纲要(2022—2035 年)》提出"完善职业技术教育和培训体系,增强职业技术教育适应性"。职业教育发展面临新机遇、新挑战,教材建设成为重要的条件支撑。

建筑工程施工专业是中等职业教育中规模相对较大的专业,对支撑经济社会发展具有重要作用。在扩大内需的经济社会发展背景下,建筑业对专业人才培养提出新的更高的要求。重庆市土木水利类专业教学指导委员会和重庆市教育科学研究院,自觉承担历史使命,得到市教委大力支持和相关学校的鼎力配合,于 2013 年开始酝酿,2014 年总体规划设计,2015 年全面启动了中等职业教育建筑工程施工专业教学整体改革,以破解问题为切入点,努力实现统一核心课程设置、统一核心课程的课程标准、统一核心课程的教材、统一核心课程的数字化教学资源开发、统一核心课程的题库建设和统一核心课程的质量检测等"六统一"目标,进而大幅度提升人才培养质量,根本性改变"读不读一个样"的问题,持续性增强中等职业教育建筑工程施工专业的社会吸引力。

此次改革确定的 8 门核心课程分别是:建筑材料、建筑制图与识图、建筑 CAD、建筑工程测量、建筑构造、建筑施工技术、施工组织与管理、建筑工程安全与节能环保。此次改革既原则性遵循了教育部发布的建筑工程施工专业教学标准,又结合了重庆市的实际,体现了职业教育新的历史使命,还充分吸纳了相关学校实施国家中等职业教育改革发展示范学校建设计划项目的改革成果。

从编写创新方面讲,系列教材充分体现了"任务型"的特点,基本的体例为"模块 +任务"。每个模块的组成分为四个部分:一是引言;二是学习目标;三是具体任务;四是考核与鉴定。每个任务的组成又分为五个部分:一是任务描述与分析;二是方法与步骤;三是知识与技能;四是拓展与提高;五是思考与练习。使用本系列教材,需要三个方面的配套行动:一是配套使用微课资源;二是配套使用考试题库;三是配套开展在线考试。建议的教学方法为"五环四步",即每个模块按照"能力发展动员、基础能力诊断、能力发展训练、能力水平鉴定和能力教学反思"五个环节设计;每个任务按照"任务布置、协作行动、成果展示、学习评价"四个步骤进行。

　　建立教材更新机制。在教材使用过程中,要根据建筑业的发展变化及中职教育办学定位的调整优化,在及时对接新知识、新技术、新工艺、新方法上下功夫,确保"材适其学、材适其教、材适其用"。本次修订充分吸纳了党和国家近年来的职业教育新政策和教材建设新理念。

　　本套教材的编写,实行编委会领导下的编者负责制,每本教材都附有编委会名单,同时署明具体编写人员姓名。编写过程中,得到了重庆大学出版社、重庆浩元软件公司等单位的积极配合,在此表示感谢!

编委会执行副主任、研究员

谭绍华

前　言

　　"建筑工程测量"是中等职业学校建筑工程施工专业核心课程之一,2020年12月入选"十三五"职业教育国家规划教材。本书是根据中等职业学校建筑工程施工专业的职业能力、教学标准、培养目标及建筑工程测量课程的教学标准编写的一本适合中等职业学校学生和施工测量技术岗位培训使用的教材。

　　本书第1版于2016年2月出版,经过2次修订后,本书具有以下特色:

　　(1)政治方向和价值导向正确,符合"立德树人"的教育理念。教材的知识目标、技能目标、职业素养目标明确,突出了课程的基础性、实用性、技能性,受到众多中职学校师生的好评。

　　(2)编写形式创新。充分体现"任务型"教材特点,基本的体例为"模块+任务",每个模块分为4个部分:一是引言;二是学习目标;三是具体任务;四是考核与鉴定。每个任务又分为5个部分:一是任务描述与分析;二是方法与步骤;三是知识与技能;四是拓展与提高;五是思考与练习。

　　(3)编写大纲和内容讨论充分。本书是在重庆市土木水利类专业教学指导委员会和重庆市教育科学研究院的指导下,通过对中等职业学校、建筑行业、企业调研之后,由重庆市教育科学研究院组织行业企业一线技术人员召开座谈会和重庆市建筑专业骨干教师研讨会,先制定课程标准,再制定编写大纲,并由测量专业教师讨论定稿,最后由教学经验丰富并具有一定实践经验的一线优秀测量教师进行编写。

　　(4)重视学生基本技能的训练与实践性教学环节,叙述简明、通俗易懂、注重实用、图文表并茂。坚持理论联系实际,充分应用"五环四步"教学模式,同时利用数字资源库等教学手段进行教学,让学生做到学以致用。

　　本书由马小红、陈世文、宾林、谭和明、刘春共同完成编写。本书由重庆市巫山职业教育中心刘春编写模块一,重庆三峡学院谭和明编写模块二,重庆市荣昌区职业教育中心宾林编写模块三和模块五,石柱土家族自治县职业教育中心马小红编写模块四和模块六,重庆市忠县职业教育中心陈世文编写模块七和模块八。

　　在教材编写过程中参阅了有关部门编制和发布的文件,参考并引用了相关专业人士编写的书籍和资料,在此谨向文献的作者表示衷心的感谢。

在编写中,由于编者的经验和学识有限,书中内容难免有疏漏和不足之处,敬请专家和广大读者批评指正,以便在后续版本中及时改正、完善。

编　者

2021 年 8 月

目　录

模块一 测量基础知识

测量学是研究地球的形状和大小,以及确定地面点位的科学,被广泛应用于工程规划、经济建设、国防建设、科学研究等领域。在建筑工程领域,地形图的测绘、建筑物的施工测量以及建筑物的变形观测等测量工作,贯穿了工程建设的整个过程。测量工作的质量也直接关系到工程建设的速度和质量。在学习应用各种测量仪器和工具完成各项测量任务之前,应先学习测量的基础知识。本模块主要有三个学习任务,即了解建筑工程测量的任务,掌握地面点位的确定方法,掌握测量的基本工作内容和原则。

 ## 学习目标

(一)知识目标

1.了解建筑工程测量的任务,具体包括测绘大比例尺地形图、建筑物的施工测量、建筑物的变形观测三部分;

2.掌握地面点位的确定及其表示方法,地面点位置的确定由该点的平面位置(X,Y)和该点的高程 H 确定;

3.掌握测量的基本工作内容及原则,测量的基本工作包括高差测量、水平角测量和水平距离测量。

(二)职业素养目标

1.培养学生严肃认真的工作态度和吃苦耐劳的精神;
2.培养学生具有团队合作的精神。

任务一 了解建筑工程测量的任务

 任务描述与分析

　　测量学是研究地球的形状和大小以及确定地面点位的科学,它包括测定和测设两部分。测定是使用测量仪器和工具,通过测量和计算,将地球表面的地物和地貌缩绘成地形图(从地面到图纸);测设是指用一定的测量方法,将设计图纸上规划设计好的点位,在实地标定出来(从图纸到地面)。

　　本任务的具体要求是:掌握测量学的概念;理解建筑工程测量的主要任务。

 方法与步骤

　　1.了解工程建设基本程序,以及测量工作在建设工程领域有哪些应用;

　　2.建筑工程建设中常用的测量仪器和工具,它们能帮助我们完成哪些测量任务;

　　3.重点学习建筑工程测量的具体任务。

 知识与技能

(一)测量学的概念

　　测量学是研究地球的形状和大小以及确定地面点位的科学。按其涉及的对象和方法手段的不同,可分为大地测量、地形测量、摄影测量和工程测量等许多学科。测量学的内容包括测定和测设两部分。

1.测定

　　测定是指工作人员使用专业的测量仪器和工具,通过测量和计算,得到一系列测量数据或成果,将地球表面的地物和地貌缩绘成地形图,供一个国家或者地区经济建设、国防建设、规划设计及科学研究使用。

2.测设

　　测设是指工作人员采用一定的测量方法,将设计图纸上规划设计好的建筑物位置,在实际地面上标定出来,作为施工的依据。

(二)建筑工程测量的任务

　　建筑工程测量学是测量学的一个重要组成部分,旨在研究建筑工程在勘测设计、施工和运营管理阶段所进行的各种测量工作的理论、技术和方法。它有以下几项主要任务:

1.测绘大比例尺地形图

通过测量把工程建设区域内的各种地面物体的位置、形状以及地面的起伏变化状态,依照建筑工程测量规范规定的符号和比例尺寸大小绘成地形图,为工程建设的规划设计提供必要的图纸和资料。

2.建筑物的施工测量

通过测量把图纸上已设计好的建(构)筑物,按设计要求在现场明确地标定出来,作为现场施工的依据;配合建筑工程现场施工,进行各种测量工作,以保证施工质量;开展竣工测量,为工程验收、日后建设和维修管理提供相应的资料。

3.建筑物的变形观测

对于一些重要的建(构)筑物,在施工和运营期间,为了确保安全,应定期进行建筑工程测量,以了解和掌握不同时期建(构)筑物的变形情况,进行变形观测。

总之,建筑工程测量工作自始至终贯穿于工程建设的整个过程,测量工作的质量直接关系到工程建设的速度和质量。因此,任何从事工程建设的人员,都必须掌握必要的测量知识和测量技能。

 拓展与提高

广义的测量学不仅指建筑工程测量学,还包括普通测量学、大地测量学、海洋测绘学、地图制图学、摄影测量、工程测量学、测量仪器学、地形测量学等知识。以下就普通测量学、大地测量学、工程测量学的相关知识作简单介绍。

(一)普通测量学

普通测量学是研究地球表面小范围测绘的基本理论、技术和方法,不顾及地球曲率的影响,把地球局部表面当作平面看待,是测量学的基础。普通测量学研究的主要内容是局部区域内的控制测量和地形图的测绘。

(1)基本工作:包括距离测量、角度测量、高程测量和测绘地形图。

(2)应用领域:普通测量学随着测图区域和应用范围的日益扩大,相继发展和形成了大地测量学、摄影测量学、工程测量学和地图制图学等独立学科。现代大规模的地形测量工作,虽多采用航空摄影测量方法,但以地面测量为主的普通测量方法在许多方面仍具有广泛的用途,特别是从电磁波测距仪问世以来,又发展了测距测角联合使用的仪器,并装有自动记录设备,使测量工作日益向自动化、电子化方向发展。

(二)大地测量学

大地测量学是研究和确定地球形状、大小、重力场、整体与局部运动和地表面点的几何位置以及它们的变化的理论和技术的学科。

(1)基本任务:对一个国家而言则是建立国家大地控制网,测定地球的形状、大小和重力场,为地形测图和各种工程测量提供基础起算数据;为空间科学、军事科学及研究地壳变形、地震预报等提供重要资料。对全球而言则是研究全球,建立与时相依的地球参考坐标框架,研究地球形状及其外部重力场的理论与方法,研究描述极移、固体潮及地壳运动等地球动力学问题,研究高精度定位理论与方法。

(2)分类(不同的划分依据可以划分为不同类别):

● 几何大地测量学亦即天文大地测量学,它的基本任务是确定地球的形状和大小及确定地面点的几何位置。

● 物理大地测量学也称理论大地测量学,它的基本任务是用物理方法(重力测量)确定地球形状及其外部重力场。

● 空间大地测量学,主要研究人造地球卫星及其他空间探测器为代表的空间大地测量的理论、技术与方法。

(三)工程测量学

工程测量学是研究各项工程在规划设计、施工建设和运营管理阶段所进行的各种测量工作的学科。各项工程包括工业建设、铁路、公路、桥梁、隧道、水利工程、地下工程、管线(输电线、输油管)工程、矿山和城市建设等。

思考与练习

1.建筑工程测量的任务包括哪些?

2.测量学的研究对象和主要内容是什么?

任务二　掌握地面点位的确定

任务描述与分析

确定地面的点位从了解地球的形状和大小开始,通过分析与对比,我们知道在局部小范围进行测量工作时可以用水平面代替大地水准面。因此,建立平面直角坐标系,确定地面点的平面位置和地面点的高程即可确定地面点位。

本任务的具体要求是:认识地球的形状和大小;掌握确定地面点位的方法。

方法与步骤

1.在了解地球的形状和大小的基础上,理解在局部小范围内进行测量工作时用水平面代替大地水准面;

2.掌握地面点的位置须由三个量来确定,即该点的平面位置和该点的高。

 知识与技能

(一)地球的形状和大小

1.水准面

地球的自然表面是不平坦和不规则的,有高达 8 848.13 m 的珠穆朗玛峰,也有深至 11 022 m 的马里业纳海沟,虽然它们高低起伏悬殊,但与半径为 6 371 km 的地球比较,还是可以忽略不计的。另外,地球表面海洋面积约占 71%,陆地面积仅占 29%。因此,人们设想以一个静止不动的海水面延伸穿越陆地,形成一个闭合的曲面包围了整个地球,这个闭合曲面称为水准面。

水准面的特点是水准面上任意一点的铅垂线都垂直于该点的曲面。

2.水平面

与水准面相切的平面,称为水平面。

3.大地水准面

水准面有无数个,其中与平均海水面相吻合的水准面称为大地水准面。它是测量工作的基准面。

4.铅垂线

一条细绳系一垂球,绳系在重力作用下形成的垂线,称为铅垂线(图1-2-1)。它是测量工作的基准线。

5.地球的形状和大小

由大地水准面所包围的形体,称为大地体。它代表了地球的自然形状和大小。

由于地球内部质量分布不均匀,各处重力不相等,致使大地水准面

图 1-2-1　铅垂线

成为一个微小起伏的不规则曲面,如图 1-2-2(a)所示。在这样的曲面上,无法进行测量数据的处理。长期测量实践表明,大地体与一个旋转椭球体的形状十分接近,这个旋转椭球体是椭圆 NWSE 绕其短轴 NS 旋转而成的,称为地球椭球体或旋转椭球体,如图 1-2-2(b)所示。

决定地球椭球体形状和大小的参数为椭圆的长半径 a、短半径 b 及扁率 α,其关系式为:

$$\alpha = \frac{a-b}{a} \tag{1-1}$$

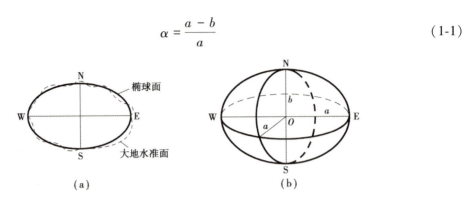

（a）　　　　　　　　　　　　（b）

图 1-2-2　大地水准面与地球椭球体

我国目前采用的地球椭球体的参数值为 $a = 6\,378\,140$ m，$b = 6\,356\,755$ m，$\alpha = 1/298.257$。

由于地球椭球体的扁率 α 很小，当测量的区域不大时，可将地球看作半径为 6 371 km 的圆球。在局部小范围内（以 10 km 为半径的区域内）进行测量工作时，可以用水平面代替大地水准面。综上所述，对地球的认识过程为：自然球体→大地体→地球椭球体→球体→局部平面。

（二）确定地面点位的方法

测量工作的实质是确定地面点的位置，而地面点的位置须由三个参数来确定，即该点的平面位置和该点的高程。

1.地面点的平面位置

地面点在大地水准面上的投影位置，称为地面点的平面位置。地面点的平面位置可以用地理坐标或平面直角坐标表示。由于地理坐标为球面坐标，不适宜在建筑工程上使用，所以我们就不作介绍，在此我们只介绍平面直角坐标。

平面直角坐标有高斯平面直角坐标和独立平面直角坐标两种。

1）高斯平面直角坐标

利用高斯投影法建立的平面直角坐标系，称为高斯平面直角坐标系。在广大区域内确定点的平面位置，一般采用高斯平面直角坐标。

高斯投影法是按 $6°$ 经差（或 $3°$ 经差）将地球划分成 60 个带（或 120 个带），然后将每个带投影到平面上。

以每一带中央子午线的投影作为高斯平面直角坐标系的纵轴 x，以赤道的投影作为高斯平面直角坐标系的横轴 y，两坐标轴的交点为坐标原点 O。并令 x 轴向北为正，y 轴向东为正，由此建立了高斯平面直角坐标系，如图 1-2-3（a）所示。

图中，地面点 A、B 的平面位置，可用高斯平面直角坐标 x、y 来表示。

由于我国位于北半球，x 坐标均为正值，y 坐标则有正有负，为避免 y 坐标出现负值，将每一带的坐标原点向西移 500 km，如图 1-2-3（b）所示。如 $y_A = +136\,780$ m，$y_B = -272\,440$ m，则西移后得：

$$y_A = 500\,000 + 136\,780 = 636\,780 \text{ m}, y_B = 500\,000 - 272\,440 = 227\,560 \text{ m}$$

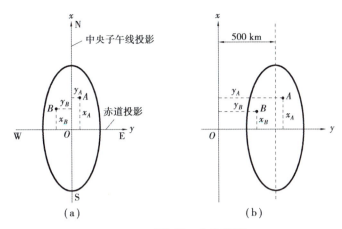

图 1-2-3 高斯平面直角坐标

为了正确区分某点所处投影带的位置,规定在横坐标值前冠以投影带带号。如 A、B 两点均位于 6°第 20 号带,则

$$y_A = 20\,636\,780 \text{ m}, \quad y_B = 20\,227\,560 \text{ m}$$

2)独立平面直角坐标

当测区范围较小时,可以把测区球面看作平面,在这个平面上建立的测区平面直角坐标系,称为独立平面直角坐标系。在局部区域内确定点的平面位置,可以采用独立平面直角坐标。

如图 1-2-4 所示,在独立平面直角坐标系中,规定南北方向为纵坐标轴,记作 x 轴,x 轴向北为正,向南为负;以东西方向为横坐标轴,记作 y 轴,y 轴向东为正,向西为负;坐标原点 O 一般选在测区的西南角,使测区内各点的 x、y 坐标均为正值;坐标象限按顺时针方向编号(图 1-2-5),其目的是便于将数学中的公式直接应用到测量计算中,而不需要做任何变更。

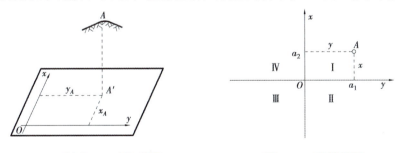

图 1-2-4 独立平面直角坐标   图 1-2-5 坐标象限

2.地面点的高程

1)绝对高程

地面点到大地水准面的铅垂距离,称为该点的绝对高程,简称高程,用 H 表示。如图1-2-6所示,地面点 A、B 的高程分别为 H_A、H_B。

我国在青岛设立验潮站,长期观测和记录黄海水面的高低变化,取其平均值作为绝对高程的基准面。目前,我国采用的"1985 国家高程基准",是以 1953 年至 1979 年青岛验潮站观测资料确定的黄海平均海水面作为绝对高程基准面,并在青岛观象山建立了国家水准原点,其高程为 72.260 m。新中国成立以来,于 20 世纪 50 年代和 80 年代分别建立了 1954 年北京坐标系和1980年西安坐标系,目前我国最新采用的国家大地坐标系是2000国家大地坐标系,简写为CGCS2000。

2)相对高程

个别地区采用绝对高程有困难时,也可以假定一个水准点作为高程起算基准面,这个水准面称为假定水准面。地面点到假定水准面的铅垂距离,称为该点的相对高程或假定高程。如图1-2-6中,A、B两点的相对高程为H'_A、H'_B。

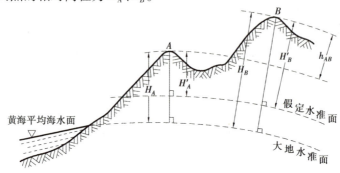

图1-2-6　高程和高差

3)高差

地面两点间的高程之差,称为高差,用h表示。高差有方向和正负。A、B两点的高差为:

$$h_{AB} = H_B - H_A \tag{1-2}$$

当h_{AB}为正时,B点高于A点;当h_{AB}为负时,B点低于A点。

B、A两点的高差为:

$$h_{BA} = H_A - H_B \tag{1-3}$$

由此可见,A、B两点的高差与B、A两点的高差,绝对值相等,符号相反,即

$$h_{AB} = -h_{BA} \tag{1-4}$$

【例】　某平坦地势,已知A点高程$H_A = 32.186$ m,$h_{AB} = 1.450$ m,试求B点的高程H_B是多少?

【解】　$H_B = H_A + h_{AB}$

$= 32.186 + 1.450$

$= 33.636$(m)

综上所述,我们只要知道地面点的三个量,即x、y、H,便能确定地面点的空间位置。

 拓展与提高

地球的表面特征

大陆形态按高程和起伏变化,可分为山地、丘陵、高原、平原、盆地、洼地。

山地:一般是指海拔高度在500 m以上的地区。

丘陵:海拔高度在500 m以下,为地表相对高差不大、山峦起伏的低缓地形。

高原:海拔高度在600 m以上,表面比较平坦且宽广,或偶具一定起伏的山岭与沟谷。

平原:海拔高度在 200 m 以下,表面常为平坦或略有起伏,其相对高差小于 50 m 的广大宽阔平坦地区。

盆地:中间比较低平,四周是高原或者山地的地区,因外形似盆而得名。

洼地:陆地上某些低洼的地区,其高程在海平面以下。如我国新疆吐鲁番盆地中的艾丁湖,湖水面在海平面以下 150 m,称为克鲁沁洼地。

思考与练习

1.何谓绝对高程?何谓相对高程?何谓高差?

2.确定地面点位的方法是什么?

3.何谓铅垂线?何谓大地水准面?它们在测量中的作用是什么?

任务三　掌握测量的基本工作及基本原则

任务描述与分析

实际测量工作中,我们通常是测出水平角、水平距离和高差,然后根据和已知点的几何关系,推算出待定点的平面直角坐标和高程,因此高差测量、水平角测量、水平距离测量就是测量的基本工作。

本任务的具体要求是:理解测量的基本工作;掌握测量工作的基本原则,并运用到后续的各项具体测量任务中去;了解测量工作的基本要求和学习方法。

方法与步骤

1.先掌握平面直角坐标的测定和高程的测定,从而理解测量的基本工作;

2.后续测量知识的学习和测量技能的掌握都应坚持测量工作的基本原则;

3.了解建筑工程测量这门课程的学习方法和注意事项。

 知识与技能

（一）测量的基本工作

地面点的位置可以用它的平面直角坐标和高程来确定,在实际测量工作中,地面点的平面直角坐标和高程一般不是直接测定,而是间接测定的。通常是测出待定点与已知点(已知平面直角坐标和高程的点)之间的几何关系,然后推算出待定点的平面直角坐标和高程。

1.平面直角坐标的测定

如图 1-3-1 所示,设 A、B 为已知坐标点,P 为待定点。首先测出水平角 β 和水平距离 D_{AP},再根据 A、B 点的坐标,即可推算出 P 点的坐标。因此,测定地面点平面直角坐标的主要测量工作是测量水平角和水平距离。

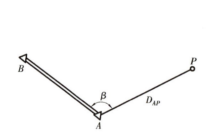

图 1-3-1　平面直角坐标的测定

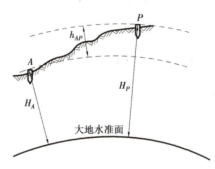

图 1-3-2　高程的测定

2.高程的测定

如图 1-3-2 所示,设 A 为已知高程点,P 为待定点。根据式(1-2)得:

$$H_P = H_A + h_{AP} \tag{1-5}$$

只要测出 A、P 点之间的高差 h_{AP},利用式(1-5)即可算出 P 点的高程。因此,测定地面点高程的主要测量工作是测量高差。

综上所述,测量的基本工作是:高差测量、水平角测量、水平距离测量。

（二）测量工作的基本原则

1.从整体到局部、先控制后碎部、由高级到低级的原则

无论是测绘地形图或是建筑物的施工放样,其最基本的问题是测定或测设地面点的位置。在测量过程中,为了减少误差的积累,保证测量区域内所测设点位具有必要的精度,首先在测区内,选择若干对整体具有控制作用的点作为控制点,用较精密的仪器和精确的测量方法,测定这些控制点的平面位置和高程,然后根据控制点进行碎部测量和测设工作。这种"从整体到局部""先控制后碎部""由高级到低级"的方法是测量工作的一个原则,它可以减少误差的积累,并且同时在几个控制点上进行测量,加快测量工作进度。

2."前一步工作未作检核不进行下一步工作"的原则

当测定控制点的相对位置有错误时,以其为基础所测定的碎部点或测设的放样点,也必然有错。为避免错误的结果对后续测量工作的影响,测量工作必须重视检核,因此"前一步工作未作检核不进行下一步工作"是测量工作的又一个基本原则。

(三)测量工作的基本要求

(1)质量第一的态度。为了确保施工质量符合设计要求,需要进行相应的测量工作,测量工作的精度会影响施工质量。因此,施工测量人员应有质量第一的态度。

(2)严肃认真的工作态度。测量工作是一项科学工作,它具有客观性。在测量工作中,为避免产生差错,应进行相应的检查和检核,杜绝弄虚作假、伪造成果、违反测量规则的错误行为。因此,施工测量人员应有严肃认真的工作态度。

(3)保持测量成果的真实、客观和原始性。测量的观测成果是施工的依据,应需长期保存,因此应保持测量成果的真实、客观和原始性。

(4)要爱护测量仪器与工具。每一项测量工作都要使用相应的测量仪器与工具,测量仪器与工具的完好状态直接影响测量观测成果的精度。因此,施工测量人员应爱护测量仪器与工具。

(5)吃苦耐劳与团队合作。测量工作,特别是外业工作风吹日晒,必须培养吃苦耐劳的精神;同时,测量任务的完成需要团队的合作。

(四)学习建筑工程测量的方法

建筑工程测量是建筑施工专业一门重要的专业技能课,作为工程技术或管理人员必须掌握工程测量的基本知识和各种测量方法,怎样学习才能事半功倍呢?

首先,应从基本知识入手,掌握高差、水平角、水平距离等基本概念,熟悉各种仪器工具的结构原理和功能。

其次,在学习工程测量的具体方法时,把书本知识和工程实际结合起来,学以致用,应用所学知识和方法解决具体问题。

再次,在学习的过程中一定要加强测量实习或实训。亲手动一遍,胜过看十遍。又正确又快速地操作仪器,是搞好测量工作的基本功;否则,将是纸上谈兵、一事无成。

 拓展与提高

标　高

标高表示建筑物各部分的高度,是建筑物某一部位相对于基准面(标高的零点)的竖向高度,是竖向定位的依据。

标高按基准面选取的不同,分为绝对标高和相对标高。绝对标高是以一个国家或地区统一规定的基准面作为零点的标高;相对标高以建筑物室内首层主要地面高度为零作为标高的起点,所计算的标高为相对标高。

思考与练习

1.测量的基本工作有哪些?

2.测量工作的基本原则是什么?

 考核与鉴定一

(一)单项选择题

1.地面点到大地水准面的铅垂距离称为该点的(　　　)。

A.相对高程　　　　　　　　B 绝对高程　　　　　　　　C.高差　　　　　　　　D.标高

2.绝对高程的起算面是(　　　)。

A.水平面　　　　　　　　B.大地水准面　　　　　　　　C.假定水准面　　　　　　　　D.水准面

3.静止海水面向陆地延伸,形成一个封闭的曲面,称为(　　　)。

A.水准面　　　　　　　　B.水平面　　　　　　　　C.铅垂面　　　　　　　　D.圆曲面

4.测量上所选用的平面直角坐标系,规定 x 轴正向指向(　　　)。

A.东方向　　　　　　　　B.南方向　　　　　　　　C.西方向　　　　　　　　D.北方向

5.组织测量工作应遵循的原则是(　　　)。

A.先规划后实施　　　　　　　　　　　B.先细部再展开

C.先碎部后控制　　　　　　　　　　　D.先控制后碎部

6.目前我国采用的高程基准是(　　　)。

A.1956 年黄海高程　　　　　　　　　　　B.1965 年黄海高程

C.1985 年黄海高程　　　　　　　　　　　D.1995 年黄海高程

7.目前我国采用的全国统一坐标系是(　　　)。

A.1954 年北京坐标系　　　　　　　　　　　B.1980 年西安坐标系

C.1980 年国家大地坐标系　　　　　　　　　D.2000 国家大地坐标系

8.在高斯 6° 投影带中,我国为了避免横坐标出现负值,故规定将坐标纵轴向西平移(　　　)。

A.100 km　　　　　　　B.300 km　　　　　　　C.500 km　　　　　　　D.200 km

9.在半径为 10 km 的圆面积之内进行测量时,不能将水准面当作水平面看待的是(　　　)。

A.距离测量　　　　　　　　　　　B.角度测量

C.高程测量　　　　　　　　　　　D.以上答案都不对

10.地面点的空间位置是用(　　　)来表示的。

A.地理坐标　　　　　　　　　　　　B.平面直角坐标

C.坐标和高程　　　　　　　　　　　D.高斯平面直角坐标

（二）多项选择题

1.测量工作的原则是（　　　　）。

A.从整体到局部　　　　　　　　　　B.先测角后测距

C.在精度上由高级到低级　　　　　　D.先控制后碎部

2.测量的基准面是（　　　　）。

A.大地水准面　　　　　　　　　　　B.水准面

C.水平面　　　　　　　　　　　　　D.1985年国家大地坐标系

3.测量的三项基本工作是（　　　　）。

A.高差测量　　　　B.水平角测量　　　　C.水平距离测量　　　　D.高程测量

4.测量工作贯穿于工程建设的整个过程,它包括（　　　　）。

A.规划阶段　　　　B.设计阶段　　　　　C.施工阶段　　　　　　D.运营阶段

（三）判断题

1.高程就是高差。 （　　　）

2.高差 h_{AB} 等于 $-h_{BA}$。 （　　　）

3.在局部小范围内进行测量时,可以用水平面代替大地水准面。 （　　　）

4.测量成果必须保持真实、客观和原始性。 （　　　）

5.1 km^2 = 666.67 m^2。 （　　　）

模块二　水准仪测量技术

　　确定地面点高程的测量工作称为高程测量。由于所使用的仪器和施测方法不同,高程测量主要分为水准测量、三角高程测量、气压高程测量及流体静力水准测量和GPS高程测量等。水准测量是高程测量中用途广、精度高、最常用的方法。本模块主要有三个学习任务,即掌握水准测量基本知识,包括理解水准测量原理、认识水准测量仪器及工具;掌握水准测量的基本方法、记录与计算、检核与校正;水准测量在工程实际中的应用;理解水准测量误差及注意事项等。

 学习目标

(一)知识目标

1.理解水准测量原理;
2.熟练使用水准仪测量的方法及操作步骤;
3.能说出水准仪的主要组成部件、功能及作用;
4.水准仪在实际工程测量中的应用。

(二)技能目标

1.能使用自动安平水准仪进行水准测量;
2.对水准测量结果进行记录、计算与校核;
3.能完成四等水准测量。

(三)职业素养目标

1.初步形成严谨认真的测量工作态度;
2.初步体会测量工作的重要性;
3.具有团队协作的精神。

任务一　掌握水准测量基本知识

任务描述与分析

水准测量又名"几何水准测量",是用水准仪和水准尺测定地面上两点间高差的方法。在实际工程测量中,应按照事先确定的方向(路线)进行施测,须借助水准点及转点方能推算出未知点高程。微倾式水准仪是水准测量最基本的测量仪器,而自动安平水准仪是水准测量最常用的测量仪器。

本任务的具体要求是:掌握水准测量的原理、方法;知道水准点、转点及水准路线;熟悉水准仪的各组成部分及功能;会对水准尺进行读数。

方法与步骤

1.理解水准测量原理;

2.确定水准测量路线;

3.认识水准测量仪器及工具。

知识与技能

(一)水准测量的基本原理和方法

1.基本原理和方法

水准测量是利用水准仪提供的水平视线,借助带有分划刻度的水准尺,直接测定地面上两点之间的高差,然后根据已知点的高程和测得的高差,推算出未知点的高程——基本原理和方法。

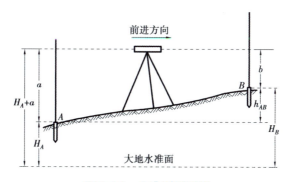

图 2-1-1　水准测量原理

如图 2-1-1 所示,A、B 两点间的高差为:

$$h_{AB} = a - b \tag{2-1}$$

假设由 A 点向 B 点进行水准测量,则 A 点水准尺上的读书 a 称为后视读数;B 点为前视点,B 点水准尺上的读数 b 称为前视读数。水准测量是有方向的,因此,高差等于后视读数减去前视读数,不能颠倒。$a>b$,高差为正,说明 B 点比 A 点高;$a<b$,高差为负,说明 B 点比 A 点低。高差 h_{AB} 是有正负之分的,根据 H_A 和 h_{AB} 推算 H_B 时,h_{AB} 应连同符号一并运算。在书写 h_{AB} 时,须注意 h 的下标,h_{AB} 是表示 B 点对于 A 点的高差。

2.计算未知点高程

1)高差法

当测得 A、B 两点间高差 h_{AB} 后,如果已知 A 点的高程 H_A,则 B 点的高程 H_B 为:

$$H_B = H_A + h_{AB} \tag{2-2}$$

这种直接利用高差计算未知点高程的方法,称为高差法。

2)仪高法

如图 2-1-1 所示,B 点高程也可以通过水准仪的视线高程 H_i 来计算,即

$$H_i = H_A + a \tag{2-3}$$
$$H_B = H_i - b \tag{2-4}$$

综上所述,水准测量是根据水平视线原理测定两点间高差的测量方法,如果视线不水平,上述公式不成立,测算将发生错误。因此,使望远镜视线水平是水准测量中要时刻牢记的关键操作。

(二)水准点、转点和水准路线

1.水准点

用水准测量方法测定的高程控制点称为水准点,通常用简记 BM( ) 表示。括号内为水准点的等级及编号,如 BM(III_6)表示国家三等水准点,编号为6。水准点可作为引测高程的依据。

水准点有永久性和临时性两种。永久性水准点是国家有关专业测量单位,按统一的精度要求,在全国各地建立的国家等级的水准点,如图 2-1-2 所示。一般用钢筋混凝土或石料制成,标石顶部嵌有不锈钢或其他不易锈蚀的材料制成的半球形标志,标志最高处(球顶)作为高程起算基准。有时永久性水准点的金属标志(一般宜铜制)也可以直接镶嵌在坚固稳定的永久性建筑物的墙脚上,称为墙上水准点,如图 2-1-3 所示。

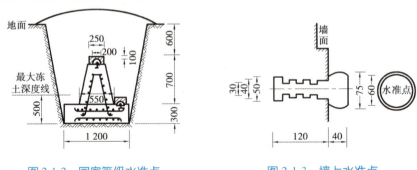

图 2-1-2　国家等级水准点　　　　图 2-1-3　墙上水准点

各类建筑工程中常用的永久性水准点一般用混凝土或钢筋混凝土制成,如图 2-1-4

（a）所示，顶部设置半球形金属标志。临时性水准点可用大木桩打入地下，如图 2-1-4（b）所示，桩顶面钉一个半圆球状铁钉，也可直接把大铁钉（钢筋头）打入沥青等路面或在桥台、房基石、坚硬岩石上刻上记号（用红油漆示明）。

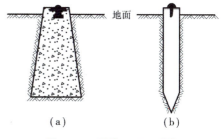

图 2-1-4　建筑工程水准点

水准测量就是从水准点开始引测其他点的高程，次级水准点的高程由高级水准点引测确定。为了便于引测和寻找，各等级的水准点应绘制点之记（点位略图），必要时设置指示桩。

2.转点

在实际测量工作中，由于起点与终点间距离较远或高差较大，安置一个测站不能全部通视，此时需要选择一些转移仪器时用来传递高程的点，如图 2-1-5 中 TP_1、TP_2 等点，这些用于传递高程的点称为转点，用 TP 表示。转点高程的施测、计算是否正确，直接影响最后一点的高程，因此是关乎全局的重要环节。通常这些转点均为临时选定的立尺点，并没有固定的标志，所以立尺员在每个转点必须等观测员读完前、后视读数并得到观测员允许后才能移动。

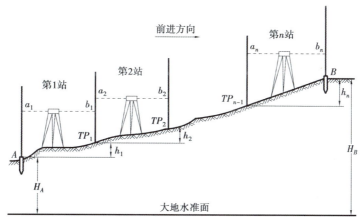

图 2-1-5　转点示意图

3.水准路线

由一系列水准点间进行水准测量所经过的路线，称为水准路线。按测区情况和作业要求，水准路线的布设形式有闭合水准路线、附合水准路线和支水准路线。

（1）闭合水准路线：形成环形的水准路线，如图 2-1-6 所示。

（2）附合水准路线：在两个已知水准点之间布设的水准路线，如图 2-1-7 所示。

（3）支水准路线：由一个已知水准点出发，而另一端为未知点的水准路线。该路线既不自行闭合，也不附合到其他水准点上，如图 2-1-8 所示。

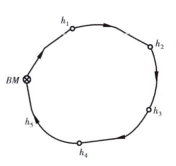

图 2-1-6　闭合水准路线

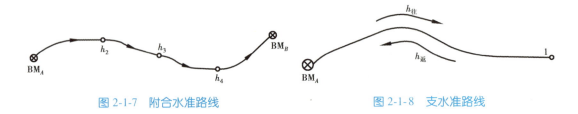

图 2-1-7　附合水准路线　　　　　图 2-1-8　支水准路线

（三）水准测量的仪器和工具

为水准测量提供水平视线并在水准尺上读数的仪器称为水准仪。水准仪的种类、型号很多，但基本结构大致相同。水准仪按构造组成，分为微倾式水准仪、自动安平水准仪、精密水准仪、数字水准仪等，如图 2-1-9 所示。

（a）精密水准仪　　　　　　　　（b）微倾式水准仪

（c）数字水准仪　　　　　　　　（d）自动安平水准仪

图 2-1-9　水准仪

目前，国内生产的水准仪，根据其精度等级分为 $DS_{0.5}$、DS_1、DS_3、DS_{10}、DS_{20}共 5 个等级。其中，"D"与"S"分别是"大地测量"与"水准仪"的汉语拼音第一个字母，下标数字 0.5、1、3、10、20 分别表示该类仪器的精度，即每千米往返测高差中数的中误差，以 mm 为单位。数字越小，仪器精度级别就越高。

1.微倾式水准仪

"微倾式"是指仪器上装置了微倾螺旋和复合棱镜系统。使用微倾螺旋并借助复合棱镜系统，可以使望远镜微小仰俯，以达到使仪器快速提供水平视线的目的。

图 2-1-10 是钟光 DS_3-Z 微倾式水准仪，由望远镜、水准器、基座和附件组成。

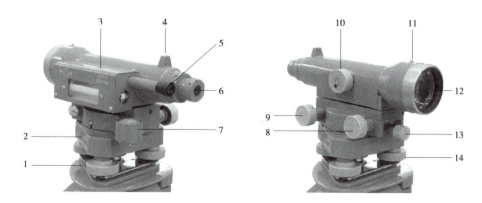

图 2-1-10 DS₃-Z 型微倾式水准仪

1—连接压板；2—基座；3—管水准器；4—瞄准器；5—水准气泡观察窗；6—目镜；7—圆水准器；
8—水平微动螺旋；9—微倾螺旋；10—调焦螺旋；11—准星；12—物镜；13—水平制动螺旋；14—脚螺旋

1）望远镜

望远镜用于瞄准水准尺并读数，主要由物镜、目镜、调焦透镜和十字丝分划板组成，如图 2-1-11 所示。

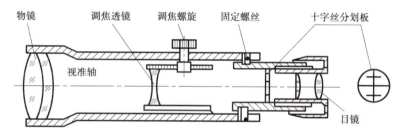

图 2-1-11 微倾式水准仪望远镜构造

物镜——使瞄准的物体在镜筒内成像。

目镜和目镜调焦螺旋——使十字丝分划清晰并放大十字丝平面上的成像，供观测者清楚的观测目标的成像。

调焦透镜和物镜调焦螺旋——转动物镜调焦螺旋，移动调焦透镜可以使目标构成的物像清晰地落在十字丝分划板平面上。

十字丝分划板——提供照准目标的标准。操作时，竖丝用来照准目标，中横丝用来截取水准尺上读数，上下两根与中丝平行的短丝用来测量视距（称为视距丝），如图 2-1-12 所示。

十字丝交点与物镜光心的连线称为望远镜的视准轴，它是瞄准目标的轴线。当视准轴水平时，通过十字丝交点看出去的视线就是水准测量原理中提到的水平视线。

2）水准器

水准器包括圆水准器和管水准器两种，其作用是标示仪器竖轴是否竖直，视准轴是否水平。

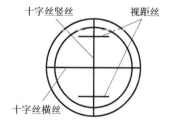

图 2-1-12 十字丝分划板

（1）管水准器。管水准器是将一个纵向内壁顶面磨成一定半径圆弧的玻璃管，管内装满酒精和乙醚的混合液,加热融封冷却后在管内形成一个空隙,如图 2-1-13 所示。水准管圆弧对称点 O 称为水准管的零点,过零点的水准管圆弧切线称为水准管轴,常用 LL 表示。当气泡两端以零点为中心对称时,称为气泡居中,此时水准管轴处于水平位置。如果视准轴与水准管轴平行,则视准轴亦处于水平位置。管水准器的分划值一般为 $20''/2$ mm,精度较高,一般用于精确整平。

(2)圆水准器。圆水准器是一个内壁顶面为球面的玻璃圆盒,如图 2-1-14 所示。球面的正中有圆分划圈,分划圈的中线为圆水准器的零点,通过零点的球面法线 $L'L'$ 称为圆水准器轴。当气泡居中时,圆水准器轴处于铅垂状态。圆水准器的分化值一般为 $8'\sim10'$,精度较低,一般只用于粗略整平。

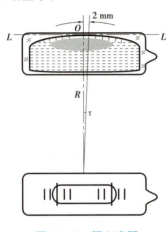

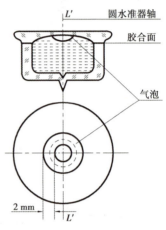

图 2-1-13　管水准器　　　　图 2-1-14　圆水准器

3)基座

基座由轴座、脚螺旋、三角压板和底板构成,其作用是支撑上部仪器并连接三脚架。通过旋转基座上的三个脚螺旋可使仪器粗略整平。

4)附件

(1)制动螺旋、微动螺旋。制动螺旋、微动螺旋可以使望远镜连同水准管一起沿水平方向移动。拧紧制动螺旋,望远镜就不能转动。制动螺旋制动后,微动螺旋才能起到微动作用。

(2)微倾螺旋。微倾螺旋使望远镜在竖直面内微倾。

2.自动安平水准仪

自动安平水准仪是建筑工程测量中最常用的高差测量仪器,与微倾式水准仪外形相似,操作也十分相似。如图 2-1-15 所示,两者区别在于:

(1)自动安平水准仪的机械部分采用摩擦制动(无制动螺旋)控制望远镜的转动。

(2)自动安平水准仪在望远镜的光学系统中装有一个自动补偿器代替了管水准器,起到自动安平的作用。当望远镜视线有微量倾斜时,补偿器在重力作用下对望远镜作相对移动,从而能自动而迅速地获得视线水平时的标尺读数。

自动安平水准仪由于没有制动螺旋、管水准器和微倾螺旋,观测时,在仪器粗略整平后,即可直接在水准尺上进行读数,因此自动安平水准仪的优点是省略了"精平"过程,从而大大加快了测量速度。

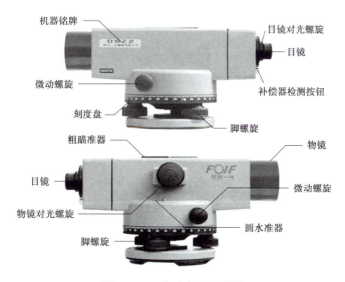

图 2-1-15　自动安平水准仪

3.水准尺和尺垫

水准尺和尺垫是与水准仪配套使用的工具。

1）水准尺

水准测量使用的标尺称为水准尺，通常用干燥、优质的木材制成，也有用玻璃钢、铝合金等材料制成的。常用的是木质的塔尺和整尺（双面水准尺），如图 2-1-16 所示。塔尺全长 5 m，由三节尺段套接而成，可以伸缩。尺的底部为零，尺面黑白格相间厘米分划。每一分米处注有一位数字，表示分米值，

分米数值上的红点表示米数，例如：5 表示 1.5 m，4 表示2.4 m，

3 表示 3.3 m。塔尺拉出使用时，一定要注意结合处的卡簧是否卡进，数值是否连续。塔尺多用于建筑工程测量。

双面水准尺尺长 3 m 或 2 m，两根尺为一对，一面是黑白格相间的厘米分划，称为黑面尺，尺底从零起算，在每一分米处注有两位数，表示从零点到此刻划线的分米值；另一面为红白格相间厘米分划，称为红面尺，尺底从 4.687 m 或 4.787 m 起始，也就是当视线在同一高度时，对同一根尺的黑红两面读数应相差 4.687 m 或 4.787 m 的常数，以此来检查读数是否正确。由于该尺整体性好，故多用于三、四等水准测量。

（a）双面尺　　（b）塔尺

图 2-1-16　水准尺

2）尺垫

图 2-1-17　尺垫

如图 2-1-17 所示，中间有凸起的圆顶，下面有三个尖脚。在土质松软地段进行水准测量时，要将三个尖脚牢固地踩入地下，然后将水准尺立于圆顶上。因此，尺垫仅限于高程传递的转点上使用，以防止水准尺下沉。

拓展与提高

数字水准仪

数字水准仪又称为电子水准仪,是在自动安平水准仪的基础上发展起来的。它采用条码标尺,各厂家标尺编码的条码图案不相同,不能互换使用。目前照准标尺和调焦仍需目视进行。人工完成照准和调焦之后,标尺条码一方面被成像在望远镜分化板上,供目视观测;另一方面,通过望远镜的分光镜,标尺条码又被成像在光电传感器(又称探测器)上,即线阵 CCD 器件上,供电子读数。因此,如果使用传统水准标尺,电子水准仪又可以像普通自动安平水准仪一样使用,不过这时的测量精度低于电子测量的精度。

数字水准仪一般由基座、水准器、望远镜及数据处理系统组成,它的光学系统和机械系统与自动安平水准仪基本相同,其原理和操作方法也大致相同,只是读数系统不同。

数字水准仪的种类很多,各厂家、各型号的仪器又各有特色,图 2-1-18 所示是天宝 DiNi 电子水准仪。

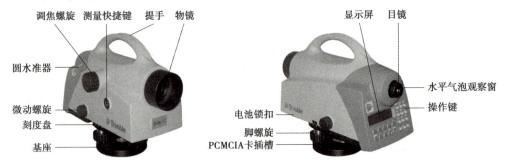

图 2-1-18　电子水准仪的各部件名称

数字水准仪的主要特点是:

(1)操作简捷,实现了观测读数、记录、计算、显示的一体化,避免了人为误差。

(2)整个观测过程在几秒钟内即可完成,从而大大减少观测错误和误差。

(3)仪器的中央处理器配有专用软件,可将观测结果通过 I/O 接口输入计算机进入后处理,实现测量工作自动化和流水线作业,大大提高功效。

(4)除进行高程测量外,数字水准仪还可以进行水平角测量、距离测量、坐标增量测量、水平网的平差计算等。

 思考与练习

1.绘图说明水准测量原理。分别写出高差法和仪高法求其待定点高程的计算公式。

2.什么是后视点、前视点?

3.什么是水准点及转点? 各起什么作用?

4.什么是水准路线? 水准路线有哪些基本形式?

5.微倾式水准仪由哪几部分组成?

6.怎样判断视线是否水平?

7.圆水准器、管水准器各起什么作用?

8.自动安平水准仪与微倾式水准仪有什么区别?

9.水准尺倾斜对水准尺读数有什么影响?

任务二　掌握水准测量的基本方法

 任务描述与分析

水准测量包括外业观测与内业成果计算两项工作。根据地面点确定水准测量路线及行进方向,经过正确的水准仪器操作并观测,将测量数据及时记入观测手簿中,也是一项不容忽视的重要工作。待测点高程的确定须在符合限差要求的前提下,进行高差闭合差分配后推算。

本任务的具体要求是:熟练操作水准仪;能对水准测量进行记录与基本计算;知道水准测量检核的几种方法;根据水准测量的要求、方法和步骤进行成果计算。

方法与步骤

1.安置仪器、粗略整平；
2.瞄准观测、读数记录；
3.计算检核、成果计算。

 知识与技能

（一）水准仪的使用与操作

普通水准仪
测高差　　自动安平
　　　水准仪测高差

以自动安平水准仪为例,其基本操作程序为:安置仪器→整平→瞄准水准尺→读数。

1.安置仪器

（1）选择好安置位置。

（2）在测站上松开三脚架架腿的固定螺旋,按需要的高度调整架腿长度,再拧紧固定螺旋,张开三脚架架腿踩实,并使三脚架架头面基本水平。

（3）从仪器箱中取出水准仪,将仪器基座连接板与三脚架头边对齐,用连接螺旋将水准仪固定在三脚架架头上。

2.整平

整平是通过调节脚螺旋使圆水准器的气泡居中,使仪器竖轴铅直,从而视准轴水平。整平方法如图 2-2-1 所示。

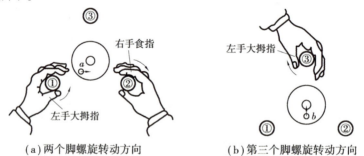

（a）两个脚螺旋转动方向　　　（b）第三个脚螺旋转动方向

图 2-2-1　粗略整平方法

（1）任意选定一对脚螺旋①、②,用双手按图上①、②脚螺旋箭头方向同时旋转这对脚螺旋,使气泡移动到①、②连线的中垂线上为止。

（2）按图上脚螺旋③的箭头方向,旋转该脚螺旋,使气泡移至圆圈中心,即达到气泡居中。粗平的规律是:气泡移动的方向与左手大拇指转动脚螺旋的方向一致。

3.瞄准水准尺

（1）目镜调焦:松开制动螺旋,将望远镜转向明亮的背景,转动目镜螺旋,使十字丝成像清晰。

（2）初步瞄准：转动望远镜，采用望远镜镜筒上面的照门和准星瞄准水准尺。

（3）物镜调焦：转动物镜螺旋进行对光，使水准尺的成像清晰。

（4）精确瞄准：再转动微动螺旋，使十字丝的竖丝对准水准尺。

（5）消除视差：眼睛在目镜端上下微微移动，有时可看见十字丝的中丝与水准尺分划线之间有相对移动，这种现象称为视差，如图 2-2-2 所示。产生视差的原因是水准尺的尺像与十字丝平面不重合。视差的存在将影响读数的正确性，应予以消除。消除视差的方法是仔细地转动物镜对光螺旋，直至尺像与十字丝平面重合。

4.读数

水准器气泡居中后，应立即用十字丝的中丝在水准尺上读数。读数时应从小数向大数读。如果从望远镜中看到的水准尺影像是倒像，则在尺上应从上到下读取。直接读取 m、dm 和 cm，并估读出 mm，共 4 个数据。如图 2-2-3 所示，读数为 1.259 m。

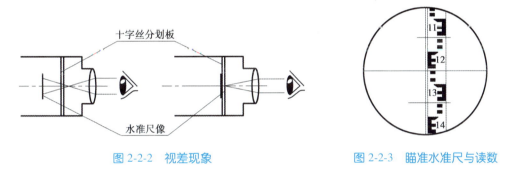

图 2-2-2　视差现象　　　　图 2-2-3　瞄准水准尺与读数

（二）水准测量观测、记录与计算

1.选点、定线

布设好水准点，选择好水准路线后即可进行观测。如图 2-2-4 所示，BM_A 为已知点（地面上有标志，$H_A=19.153$ m）；B 点为待测点（地面上有标志）；临时确定的转点有 TP_1、TP_2、TP_3、TP_4（没有标志）。

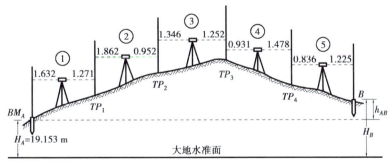

图 2-2-4　普通水准测量示意图

观测路线为 BM_A 往测至 B 点，经 5 个测站。水准路线为支水准路线，共 5 个测站，一个测段。

2. 架设仪器、观测并记录

由已知水准点 BM_A 起始，向待测高程的 B 点进行水准测量。其观测步骤如下：

（1）在离 BM_A 100~200 m 处，选择 TP_1 点，在 A 与 TP_1 两点上分别竖立水准尺，在距 A 点与 TP_1 点大致等距离的①处安置水准仪，经整平，瞄准后视尺，用中丝读数，A 点尺上后视读数 $a_1 = 1.632$ m。转动水准仪，瞄准 TP_1 点上前视尺，用中丝读数，$b_1 = 1.271$ m。将 a_1、b_1 计入测量记录手簿相应读数栏内（见表 2-2-1），至此第一站的测量工作完毕。

（2）观测者将仪器搬至第②站，将 BM_A 点尺竖立于 TP_2 上，作为第②站的前视尺，原 TP_1 点的尺原地不动（若移动，第①站的观测成果将全部报废），尺面转向仪器，即成为第②站的后视尺。观测者重复进行一个测站的基本操作，分别读得 $a_2 = 1.862$ m 和 $b_2 = 0.952$ m，计入手簿。至此，第②站的测量工作完毕。依次连续逐站施测至 B 点。

表 2-2-1　普通水准测量记录手簿（高差法）

测区 ＿＿＿＿＿＿＿＿＿　　仪器型号 ＿＿＿＿＿＿＿＿＿　　观测者 ＿＿＿＿＿＿＿

时间 ＿＿＿ 年 ＿ 月 ＿ 日　　天　气 ＿＿＿＿＿＿＿　　记录者 ＿＿＿＿＿＿＿

测站	点号	水准尺读数/mm		高差/m		高程/m	备注
		后视	前视	+	−		
①	BM_A	1 632		0.361		19.153	已知
	TP_1		1 271			19.514	
②	TP_1	1 862		0.910			
	TP_2		0 952			20.424	
③	TP_2	1 346		0.094			
	TP_3		1 252			20.518	
④	TP_3	0 931			0.547		
	TP_4		1 478			19.971	
⑤	TP_4	0 836			0.389		
	B		1 225			19.582	
计算检核	$\sum$	6.607	6.178	1.365	0.936		
	$\sum a - \sum b = +0.429$			$\sum h = +0.429$			

3. 水准测量记录与计算

水准测量中，把安置仪器的位置称为测站，立尺的位置称为测点。各测站观测的后视读数、前视读数、高差的计算，高程的推算均应随测随记，并保证记录的原始性和真实性。下面以高差法为例介绍水准测量的记录与计算。

由图 2-2-4 可知，每安置一次仪器，便可测得一个高差，即

$$h_1 = a_1 - b_1 = 1.632 - 1.271 = 0.361（m）$$
$$h_2 = a_2 - b_2 = 1.862 - 0.952 = 0.910（m）$$

$$h_3 = a_3 - b_3 = 1.346 - 1.252 = 0.094 \,(\mathrm{m})$$
$$h_4 = a_4 - b_4 = 0.931 - 1.478 = -0.547 \,(\mathrm{m})$$
$$h_5 = a_5 - b_5 = 0.836 - 1.225 = -0.389 \,(\mathrm{m})$$

将以上各式相加,则:

$$\sum h = \sum a - \sum b \tag{2-5}$$

即 A、B 两点的高差等于各段高差的代数和,也等于后视读数的总和减去前视读数的总和。根据 BM_A 点高程和各站高差,可推算出各转点高程和 B 点高程:

$$H_{\mathrm{TP}_1} = 19.153 + 0.361 = 19.514 \,(\mathrm{m})$$
$$H_{\mathrm{TP}_2} = 19.514 + 0.910 = 20.424 \,(\mathrm{m})$$
$$H_{\mathrm{TP}_3} = 20.424 + 0.094 = 20.518 \,(\mathrm{m})$$
$$H_{\mathrm{TP}_4} = 20.518 - 0.547 = 19.971 \,(\mathrm{m})$$
$$H_{\mathrm{TP}_5} = 19.971 - 0.389 = 19.582 \,(\mathrm{m})$$

将上述结果分别填入表 2-2-1 相应栏内。

最后由 B 点高程 H_B 减去 A 点高程 H_A,应等于 $\sum h$,即

$$H_B - H_A = \sum h \tag{2-6}$$

因而有

$$\sum a - \sum b = \sum h = H_{终} - H_{始} \tag{2-7}$$

(三)水准测量的检核

1.计算检核

待测点高程对已知点高程的高差等于各转点之间高差的代数和,也等于后视读数之和减去前视读数之和。因此,式(2-7)可用来作为计算的检核。若等式成立,说明计算正确;否则说明计算有错误,需要重新计算。但计算检核只能检查计算是否正确,不能检核观测和记录是否产生错误。

2.测站检核

待测点的高程是根据已知点的高程和转点之间的高差计算出来的,若其中一个测站的高差有错误,则待测点的高程就不会正确。因此,为保证每一个测站工作的正确性,需要进行测站校核。测站校核就是要检核测站高差观测中的错误。常用方法有双仪高法和双面尺法。

(1)双仪高法。同一测站用两次不同的仪器高度(大于 0.1 m 以上),测得两次高差以相互比较进行检核。两次所测高差的绝对值不超过 5 mm(四等水准测量),则取两次高差的平均值作为该站的高差;若超过 5 mm,则需重测。

(2)双面尺法。在同一个测站上,仪器高度不变,分别用黑、红两面水准尺测高差,若两次高差之差的绝对值不超过 5 mm(四等水准测量),则取平均值作为该站的高差;否则应重测。

3.路线成果检核

测站检核只能检核单个测站的观测精度,至于转点位置变动、外界环境的影响、尺子倾斜和估读的误差、水准仪本身的误差等,虽然在一个测站上反映不明显,但随着测站数的增多,将

使误差积累,也会影响整个路线成果的精度,因此必须进行路线成果检核。检核的方法是将路线观测高差的结果与理论高差值相比较,其差值称为高差闭合差,用f_h表示,用来检查错误和评定水准路线成果的测量精度。

1)闭合水准路线

路线各段高差代数和的理论值应等于零,即$\sum h_{理} = 0$。但实际上由于各站观测高差存在误差,致使各段观测高差的代数和不等于零,即$\sum h_{测} \neq 0$,则产生了高差闭合差,用f_h表示,即

$$f_h = \sum h_{测} \tag{2-8}$$

2)附合水准路线

路线上各段高差代数和的理论值应等于两个水准点间的已知高差,即$\sum h_{理} = H_{终} - H_{始}$。同样由于有测量误差,致使各段观测高差的代数和不等于理论值,即$\sum h_{测} \neq \sum h_{理}$,则产生高差闭合差,即

$$f_h = \sum h_{测} - (H_{终} - H_{始}) \tag{2-9}$$

3)支水准路线

支水准路线自身没有检核条件,通常用往、返测量方法进行路线成果的检核。路线上往、返测高差的绝对值应相等,若不相等,其差值为高差闭合差,即

$$f_h = \left| \sum h_{往} \right| - \left| \sum h_{返} \right| \tag{2-10}$$

(四)水准测量成果计算

水准测量外业工作结束后,要检查手簿,再计算各点间的高差。经检核无误后,才能进行计算和调整高差闭合差,最后计算各点高程。

1.水准测量的精度要求

工程测量规范中,对不同等级水准测量的高差闭合差都规定了一个容许值范围,用它来检核观测成果的可靠程度。三、四等水准测量的高差闭合差容许值规定见表2-2-2。

表2-2-2　高差闭合差的允许值

等　级	允许高差闭合差/mm		主要应用范围举例
三等	$f_{h允} = \pm 12\sqrt{L}$	(平地)	场区的高程控制
	$f_{h允} = \pm 4\sqrt{n}$	(山地)	
四等	$f_{h允} = \pm 20\sqrt{L}$	(平地)	普通建筑工程、河道工程用于立模、填筑放样的高差控制点
	$f_{h允} = \pm 6\sqrt{n}$	(山地)	
五等	$f_{h允} = \pm 30\sqrt{L}$	(平地)	铁路、一般公路的高程控制
图根	$f_{h允} = \pm 40\sqrt{L}$	(平地)	小测区地形图测绘的高程控制山区道路、小型农田水利工程
	$f_{h允} = \pm 12\sqrt{n}$	(山地)	

注:①表中图根通常是指普通(或等外)水准测量。

②表中L为水准路线单程长度,以km计;n为单程测站数。

③每千米测站数多于15站,用相应项目后面的公式以测站n计。

2.判断观测成果精度是否合格

若高差闭合差$f_h \leq$高差闭合差允许值$f_{h允}$，则观测成果精度合格。

1）计算高差闭合差

附合水准路线高差闭合差： $\qquad f_{h测} = \sum h_测 - (H_终 - H_始)$ （2-11）

闭合水准路线高差闭合差： $\qquad f_{h测} = \sum h_测 - 0$ （2-12）

支水准路线高差闭合差： $\qquad f_h = \sum h_往 + \sum h_返 - 0$ （2-13）

高差闭合差f_h自带符号，计算时要特别注意。

2）计算高差闭合差允许值

普通水准测量的高差闭合差的允许值$f_{h允}$，单位为 mm，按表 2-2-2 的规定计算。如普通水准测量的高差闭合差的允许值计算如下：

平地： $\qquad f_{h允} = \pm 40\sqrt{L}$

山地： $\qquad f_{h允} = \pm 12\sqrt{n}$

3.高差闭合差的分配

$f_h \leq f_{h允}$，说明观测成果精度合格。但是，不能直接用实测的高差推算未知点的高程，而要将f_h分配在各测段的实测高差中，求出各测段改正后的高差，再用改正后的高差推算未知点的高程。

1）计算（各测段）高差改正数

高差闭合差f_h由各测段共同产生，也应由各测段共同分担，分配原则是：

（1）山区：反号按站数成正比例分配在各个测段的实测高差中；

（2）平地：反号按线路长成正比例分配在各个测段的实测高差中。

第i测段的高差改正数：

$$v_i = -\frac{f_h}{\sum n} \times n_i（山地）$$ （2-14）

或

$$v_i = -\frac{f_h}{\sum L} \times L_i（平地）$$ （2-15）

式中 f_h——高差闭合差（整个水准路线的）；

$\quad n_i$——测站数（第i测段的）；

$\quad \sum n$—— 总的测站数（整个水准路线的）；

$\quad L_i$——路线长（第i测段的），以 km 计；

$\quad \sum L$—— 路线的总长（整个水准路线的），以 km 计。

2）计算（各测段）改正后的高差$h_{i改}$

$\qquad$测段改正后的高差$h_{i改}$＝测段实测高差h_i＋测段高差改正数v_i

对于支水准路线，不需要计算高差改正数，而直接计算测段改正后的高差，计算式为：

$$h_{i改} = \frac{h_往 + (-h_返)}{2}$$ （2-16）

式中 $h_往$——从已知点到待求点方向的实测高差；

$\quad h_返$——从待求点到已知点方向的实测高差。

3)计算校核

各测段高差改正数之和 $\sum v_i = -f_h$。改正后的高差之和为 $\sum h_{i改}$，并应满足下列要求：

闭合水准路线：　　　$\sum h_{i改} = 0$　　　　　　　　　　　　　　　　　　(2-17)

附合水准路线：　　　$\sum h_{i改} = H_终 - H_始$　　　　　　　　　　　　　(2-18)

支水准路线：　　　　$\sum h_{i改} = 0$　　　　　　　　　　　　　　　　　　(2-19)

4.推算各待求点高程

1)计算式

$$H_{未知点} = H_{已知点} + h_改$$　　　　　　　　　(2-20)

式中　$H_{未知点}$——待求点的高程；

　　　$H_{已知点}$——已知点的高程；

　　　$h_改$——从已知点到未知点间改正后的高差。

2)计算校核

按计算路线,由推算的最后一个未知点的高程,继续推算出最后一个已知点的高程,若计算的高程与已知点的高程相等,则计算无误。

 拓展与提高

自动安平水准仪的检验和校正

(一)轴线之间应满足的几何关系

(1)圆水准器轴平行于竖轴；

(2)十字丝中丝垂直于仪器竖轴。

仪器出厂前,上述几何条件已经充分校正,但出场后经过运输或长期使用,几何轴线可能失去正确位置。因此,为保证测量成果的精度,测量之前必须对所用仪器进行检验与校正。

(二)水准仪的检验与校正

1.一般性的检验

水准仪检验校正之前,应进行一般性的检验。检查仪器外观是否无损,各主要部件及测量的配(附)件是否正常工作;安置仪器后,检验望远镜成像是否清晰,物镜对光螺旋和目镜对光螺旋是否有效,补偿器检查按钮是否处于正常工作状态,微动螺旋是否有效,脚螺旋是否有效,三脚架是否稳固等。若发现有故障应及时修理。

2.圆水准器轴应平行于竖轴

1)检验方法

将仪器安置在三脚架上,旋转螺旋使气泡居中,仪器旋转180°,如果气泡仍然居中,说明圆水准器位置正确,否则要进行校正。

2)校正方法

转动脚螺旋,使气泡向圆圈中心移动,移动量为气泡偏离中心量的一半,调节圆水准器的调节螺钉,使气泡移至圆圈中央,用上述方法反复检校,直到气泡不随望远镜的转动而偏移。校正完毕后务必将中心固定螺丝拧紧。

3.十字丝中横丝应垂直于仪器竖轴

1)检验方法

整平仪器后,用十字丝中横丝的一端对准远处一明显标志点,旋转微动螺旋,如果标志点始终在中丝上移动,说明几何条件满足要求。

2)校正方法

旋下十字丝护罩,松开十字丝分划板的固定螺丝,微微转动十字丝环,使中横丝水平(标志点不离开中横丝为止),然后将固定螺丝拧紧,旋上护罩。

此项误差不明显时,可不必进行校正。实际工作中利用中横丝的中央部分读数,以减少该项误差的影响。

4.水准仪望远镜视准轴水平的检校(i 角的检校)

1)检验方法

在相距 70~100 m 的两点上竖立标尺 A 和 B,将三脚架安置在两标尺间距的中心位置上,整平仪器,用望远镜的前、后视分别在标尺 A 和 B 上读取读数 a_1 和 h_1,如图 2-2-5 所示。

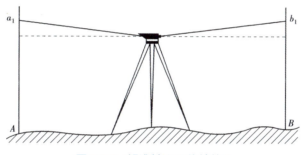

图 2-2-5　视准轴水平的检校 I

将仪器移至距离标尺 B 约 3 m 处,用同样的方法在标尺 A 和标尺 B 上读取数值 a_2 和 b_2,如图 2-2-6 所示。

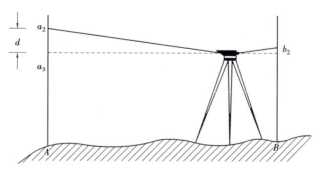

图 2-2-6　视准轴水平的检校 II

若第一次两标尺读数之差值和第二次两标尺读数之差值相等,即 $a_1-b_1=a_2-b_2$,说明望远镜视准轴位于水平面内。若不相等,两高差之差的绝对值超过 3 mm,则视准轴需要进行校正。

2)校正方法

(1)计算:$d = a_2 - b_2 - (a_1 - b_1)$

$a_3 = a_2 - d$

(2)瞄准标尺A,打开保护盖,利用分划板调节螺钉调节分划板的位置,使分划板十字丝中心与 a_3 点重合,如图2-2-6所示,最后按上述方法再校验一次。

校正时切记:校正原理要弄清,校正动作慎又轻,先松后紧防损坏,校后尚需再复检,最后勿忘将松开的校正螺丝旋紧。

 ## 思考与练习

1.利用脚螺旋使圆水准气泡居中的规律是什么?

2.什么叫视差?产生视差的原因是什么?如何消除视差?

3.在水准测量的观测过程中,当读完后视读数,继续照准前视点读数时,发现圆水准气泡偏离零点,此时能否转动脚螺旋使气泡居中,继续观测前视点?为什么?

4.简述自动安平水准仪操作的基本程序。

5.水准测量中怎样进行计算校核、测站校核和路线校核?

6.在水准测量中,为什么要尽可能地把仪器安置在前、后视两点等距处?

7.在水准测量中,为什么总是存在高差闭合差?简述高差闭合差的分配原则。

8.设A为后视点,B为前视点,A点的高程是20.123 m。当后视读数为1.456 m,前视读数为1.579 m,问A、B两点的高差是多少?B、A两点的高差又是多少?B点的高程是多少?

任务三　水准仪的实际应用

任务描述与分析

　　水准测量在施测前需要进行水准点的布设和水准路线的选择,在此基础上边观测边记录,在满足精度合格的基础上方能推算出未知点高程。为保证水准测量的精度,在测量过程中应消除仪器带来的误差、减弱外界条件误差、时刻注意观测误差。在附合水准路线、闭合水准路线、支水准路线三种测量方法中,附合水准路线测高程的方法相对精度较高,应用也更为广泛。

　　本任务的具体要求是:能对附合水准路线、闭合水准路线、支水准路线进行观测、记录计算、检验检核、成果计算;在观测过程中按规范进行操作,知道如何减弱、消除测量误差。

方法与步骤

　　1.布设水准点;

　　2.选择水准路线;

　　3.观测、记录与计算;

　　4.判断精度是否合格;

　　5.调整高差闭合差;

　　6.推算高程。

知识与技能

(一) 附合水准测量

　　如图 2-3-1 所示,已知水准点 BM_1、BM_2,按照图根水准测量方法测定 A、B、C、D 4 个待定点高程。

　　(1)根据已知水准点,确定水准路线。由已知水准点 BM_1 开始,按照 $A \rightarrow B \rightarrow C \rightarrow D$ 的线路为测量前进方向,再附合到已知水准点 BM_2。

　　(2)在 BM_1 和 A 点间连线的中点上安置仪器(要求前后能通视,否则应增设转点),并进行整平。

　　(3)瞄准 BM_1、A 点上的水准尺,分别观测前、后视尺上丝、下丝和中丝读数,并记录于记录表中。同理,依次测量 $A \rightarrow B$、$B \rightarrow C$、$C \rightarrow D$、$D \rightarrow BM_2$ 之间的相应水准尺的上丝、下丝和中丝读数并记录。

　　(4)根据观测数据,分别计算出 $BM_1 \rightarrow A$ 之间距离 L_1 和高差 h_1,同理计算出其余两点间的距离和高差。如图 2-3-1 中所示,L_1、L_2、L_3、L_4 及 h_1、h_2、h_3、h_4,连同测点、水准点 BM_1、BM_2 的已知高差记录于"附合水准路线成果计算表"中相应各栏内,见表 2-3-1。

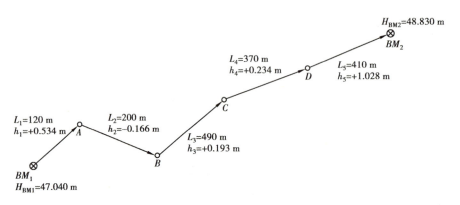

图 2-3-1　附合水准路线简图

表 2-3-1　附合水准路线成果计算表

测段编号	点　名	距离/m	实测高差/m	改正数/m	改正后高差/m	高程/m	备　注
1	2	3	4	5	6	7	
1	BM_1	120	+0.534	−0.002	+0.532	47.040	
2	A	200	−0.166	−0.004	−0.170	47.572	
3	B	490	+0.193	−0.010	+0.183	47.402	
4	C	370	+0.234	−0.008	+0.226	47.585	高程已知
5	D	410	+1.028	−0.009	+1.019	47.811	
	BM_2					48.830	
$\sum$		1 590	+1.823	−0.033	+1.790		
辅助计算			$f_h = \sum h_{测} - (H_{终} - H_{始}) = 1.823 - 1.790 = +0.033$ $f_{h允} = \pm 40\sqrt{1.590} = \pm 50 \,(\text{mm})$ $\lvert f_h \rvert < \lvert f_{h允} \rvert\quad 精度合格\quad v = -f_h / \sum L = -0.033/1\,590 = -0.000\,02$					

（5）计算高差闭合差。按式（2-9）计算：

$$f_h = \sum h_{测} - (H_{终} - H_{始}) = 1.823 - (48.830 - 47.040) = +0.033\,(\text{m})$$

（6）计算高差闭合差的允许值。根据表 2-2-2 计算图根水准测量的允许值，本测量中 $f_{h允} = \pm 40\sqrt{1.590} = \pm 50\,(\text{mm})$，由于 $\lvert f_h \rvert < \lvert f_{h允} \rvert$，故精度合格，可进行高差闭合差的调整。

（7）调整高差闭合差。调整方法是给每段高差施加一个改正数。调整时，将闭合差以相反的符号，按与测段长度成正比分配到各段高差中去。

按式（2-15）计算各段高差改正数分别为：

$$v_1 = \frac{-f_h}{\sum L} L_1 = \frac{-0.033}{1\,590} \times 120 = -0.002\,(\text{m})$$

同理

$$v_2 = \frac{-0.033}{1\,590} \times 200 = -0.004\,(\text{m})$$

$$v_3 = \frac{-0.033}{1\,590} \times 490 = -0.010\,(\text{m})$$

$$v_4 = \frac{-0.033}{1\,590} \times 370 = -0.008\,(\text{m})$$

$$v_5 = \frac{-0.033}{1\,590} \times 410 = -0.009\,(\text{m})$$

将各段改正数填入表 2-3-1 中改正数栏内。改正数总和应与闭合差大小相等、符号相反，即 $\sum v = -f_h$，以此作为改正数计算的检核。

（8）计算改正后高差。按照公式 $h_{i改} = h_i + v_i$ 计算各段改正后高差为：

$$H_{1改} = h_1 + v_1 = 0.534 + (-0.002) = 0.532\,(\text{m})$$

同理

$$H_{2改} = -0.166 + (-0.004) = -0.170\,(\text{m})$$

$$H_{3改} = 0.193 + (-0.010) = 0.183\,(\text{m})$$

$$H_{4改} = 0.234 + (-0.008) = 0.226\,(\text{m})$$

$$H_{5改} = 1.028 + (-0.009) = 1.019\,(\text{m})$$

分别填入表 2-3-1 中改正后高差栏内。改正后高差的代数和应等于高差的理论值，以此作为高差计算的检核。

（9）计算待求点的高程。根据式（2-20），按顺序逐点推算各待求点高程为：

$$H_A = H_{BM_1} + h_{1改} = 47.040 + (+0.532) = 47.572\,(\text{m})$$

同理

$$H_B = 47.572 + (-0.170) = 47.402\,(\text{m})$$

$$H_C = 47.402 + (+0.183) = 47.585\,(\text{m})$$

$$H_D = 47.585 + (+0.226) = 47.811\,(\text{m})$$

$$H_{BM_1} = 47.811 + (+1.019) = 48.830\,(\text{m})$$

分别填入表 2-3-1 中高程栏内。推算出的终点高程应与该点的已知高程一致，以此作为高程计算的检核。

（二）闭合水准测量

如图 2-3-2 所示，已知水准点 BM_A，按照图根水准测量方法测定 1、2、3、4 四个待定点高程。

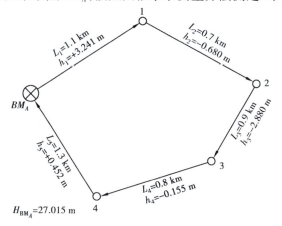

图 2-3-2 闭合水准路线简图

（1）根据现场条件，拟定水准路线。因现场只有一已知水准点 BM_A，待测点 1、2、3、4 分布于四周，故可按照 $BM_A \rightarrow 1 \rightarrow 2 \rightarrow 3 \rightarrow 4 \rightarrow BM_A$ 的测量线路，从而形成闭合水准测量路线。

（2）设置测站。先在 BM_A 和 1 两个测点上安置水准尺，后目测选取测站点，要求与两侧点通视，视距基本相等，且每边视距一般不超过 100 m，否则应增设转点。视距由学生用数步法进行检测，并进行整平。

（3）测站观测。在测站处安置水准仪并整平，分别瞄准前、后视水准尺，按照上丝、下丝和中丝读数观测并填入手册中。

（4）计算测段距离、高差。按照视距 L =（上丝读数−下丝读数）×100 计算各测段视距，如图中 L_1、L_2、L_3、L_4；同时计算各测段高差，如图中 h_1、h_2、h_3、h_4。将计算出的各测段距离、高差及测点、水准点 BM_A 的已知高差，记录于"闭合水准路线成果计算表"中相应各栏内，见表2-3-2。

表 2-3-2　闭合水准路线成果计算表

测段编号	点　名	距离/km	实测高差/m	改正数/m	改正后高差/m	高程/m	备　注
1	2	3	4	5	6	7	
1	BM_A	1.1	+3.241	0.005	+3.246	27.015	
2	1	0.7	−0.680	0.003	−0.677	30.261	
3	2	0.9	−2.880	0.004	−2.876	29.584	与已知高程相等
4	3	0.8	−0.155	0.004	−0.151	26.708	
5	4	1.3	+0.452	0.006	+0.458	26.557	
$\sum$	BM_A	4.8	−0.022	+0.022	0	27.015	
辅助计算	$f_h = \sum h_{测} = -0.022 (\text{m})$ $f_{h允} = \pm 40 \sqrt{4.8} = \pm 87 (\text{mm})$ $\|f_h\| < \|f_{h允}\|$　精度合格　$v = -f_h / \sum L = 0.022/4.8 = 0.000\,46/\text{km}$						

闭合水准路线的成果计算步骤与附合水准路线相同，且闭合差的允许值及调整方法也均与其相同，详见附合水准测量相关步骤及方法，计算结果见表2-3-2。

（三）支水准测量

如图 2-3-3 所示，已知水准点 BM_A，按照图跟水准测量方法测定 1 点高程。

因现场只有一已知水准点 BM_A，待测点只有一个 1 点，且距离较远，故可按照 $BM_A \rightarrow 1$ 的支水准路线进行测量。由于两点间距离较远，根据需要中间应增设多个转点。然后按照前述方法和步骤从 $BM_A \rightarrow 1$ 点进行往测并记录，又从 1 点 $\rightarrow BM_A$ 点进行返测。经观测，各测段分别进行了 15 测站的观测，经计算 $h_{A1}(往) = +1.332$ m，$h_{1A}(返) = -1.350$ m。其成果计算如下：

（1）计算高差闭合差。按式（2-10）计算高差闭合差：

$$f_h = \|1.332\| - \|-1.35\| = -0.018 (\text{m})$$

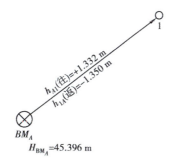

图 2-3-3 支水准路线简图

（2）计算高差闭合差的允许值。高差闭合差允许值为：

$$f_{h允} = \pm 12\sqrt{15} = \pm 46 (mm)$$

因 $|f_h| < |f_{h允}|$，说明精度合格。

（3）计算改正后高差。按式（2-16）计算改正后高差：

$$h_{A1改} = (1.332 + 1.350)/2 = 1.341 (m)$$

（4）计算 1 点高程。

$$H_1 = H_{BM_A} + h_{A1改} = 45.396 + 1.341 = 46.737 (m)$$

（四）水准测量误差及注意事项

1.仪器误差

1）水准管轴与视准轴不平行误差

水准管轴与视准轴不平行，虽然经过校正，仍然可能存在少量的残余误差。这种误差的影响与距离成正比，只要观测时注意使前、后视距离相等，便可消除此项误差对测量结果的影响。

2）水准尺误差

水准尺误差包括尺长误差、分划误差和零点误差。水准尺刻划不准确、尺长变化、弯曲等原因会影响水准测量的精度，因此水准尺要经过检核才能使用。水准尺底端磨损或底部粘上泥土，致使尺底的零点位置发生改变，称为水准尺零点误差。测量时由于用的一副尺，尺底磨损情况不同，因此引起一副尺零点差。测量过程中，用两根尺交替作为后视尺或前视尺，并在测段设置偶数站施测，则可消除此项误差的影响。

2.观测误差

1）水准管气泡的居中误差

由于气泡居中存在误差，致使视线偏离水平位置，从而带来读数误差。为减小此误差的影响，每次读数时，都要使水准管气泡严格居中。

2）估读水准尺的误差

水准尺估读毫米数的误差大小与望远镜的放大倍率以及视线长度有关。在测量作业中，应遵循不同等级的水准测量对望远镜放大倍率和最大视线长度的规定，以保证估读精度。

3）视差的影响误差

当存在视差时，由于十字丝平面与水准尺影像不重合，若眼睛的位置不同，便读出不同的读数,从而产生读数误差。因此,观测时要仔细调焦,严格消除视差。

4)水准尺倾斜的影响误差

水准尺倾斜,将使尺上读数增大,从而带来误差。如水准尺倾斜3°30′,在水准尺上1 m处读数时,将产生2 mm的误差。为了减少这种误差的影响,必须扶直水准尺。

3.外界条件的影响误差

1)水准仪下沉误差

由于水准仪下沉,使视线降低,而引起高差误差。如采用"后→前→前→后"的观测程序,可减弱其影响。

2)尺垫下沉误差

如果在转点发生尺垫下沉,将使下一站的后视读数增加,也将引起高差误差。采用往返观测的方法,取成果的中数,可减弱其影响。

为了防止水准仪和尺垫下沉,测站和转点应选在土质坚实处,并踩实三脚架和尺垫,使其稳定。

3)地球曲率及大气折光的影响

可采用使前、后视距离相等的方法来消除。

4)温度的影响误差

温度的变化不仅会引起大气折光的变化,而且当烈日照射水准管时,由于水准管本身和管内液体温度的升高,气泡向着温度高的方向移动,从而影响水准管轴的水平,产生气泡居中误差。因此,测量中应随时注意为仪器打伞遮阳。

5)风力影响误差

当风力较大时,仪器受风的吹动,致使视线跳动引起读数误差,所以当风力超过四级时应停止施测。

为提高测量成果的精度,测量过程中对每一个数字,每一步操作都要认真,不出差错。要认识到偶然的粗心大意就可能造成局部或全部的返工。测量工作是一项集体完成的任务,观测、记录、司尺人员都要互相协助,紧密配合,要有团队精神。

拓展与提高

四等水准测量

国家四等水准测量的精度要求较普通水准测量的精度高,在工程测量中,常用四等水准测量建立较高精度的高程控制网。因此,除仪器的技术参数有具体规定外,对观测程序、操作方法、视线长度及读数等都有严格的技术指标。

(一)四等水准测量路径形式——闭合水准路径

如图2-3-4所示,从已知高程的水准点1A出发,沿各待定高程的水准点2A、3A、4A进行水准测量,最后又回到原出发点1A的环形路线。

图2-3-4 四等水准测量示意图

（二）四等水准测量主要技术要求

四等水准测量主要技术要求见表2-3-3。

表2-3-3　四等水准测量主要技术要求

等　级	视线长度/m	前后视的距离较差/m	前后视的距离较差累积/m	黑红面读数较差/mm	黑红面所测高差较差/mm	环线闭合差/mm	视线高度
四等	≤100	≤5.0	≤10.0	≤3.0	≤5.0	$\leqslant 20\sqrt{L}$	三丝能读数

注：L为水准路线长度，以km计。

（三）四等水准测量的外业施测（一个测站的操作）

按"后→前→前→后"或"后→后→前→前"的程序观测。

（1）在1A点前方适当距离处（尽可能选择1A与2A的大致中间位置），选择转点TP_1，将已知点1A作为后视点，转点TP_1作为前视点，在后视点（1A）和前视点（转点）用步量，找出1A与TP_1两点大致中间位置并安置水准仪，在1A和TP_1点上分别竖立水准尺，TP_1上需加设尺垫，使圆水准气泡居中，整平仪器。

（2）照准后视尺（1A点尺），分别读取以下数据，记录员复读后记入手簿中相应读数栏内。

①读取后视黑面上丝读数，记录（1）；

②读取后视黑面下丝读数，记录（2）；

③读取后视黑面中丝读数，记录（3）；

④将后视尺转为红面，读取红面中丝读数，记录（4）。

（3）照准前视（TP点）尺，精平后分别读取以下数据，记录员复读后记入手簿中相应读数栏内。

①读取前视黑面上丝读数，记录（5）；

②读取前视黑面下丝读数，记录（6）；

③读取前视黑面中丝读数，记录（7）；

④将前视尺转为红面，读取红面中丝读数，记录（8）。

以上为第一测站的观测与记录工作。读取8个数（前后视尺黑面各读上、下、中丝读数，而红面只读中丝读数），按读取顺序计入"四等水准测量外业记录表"相应栏内，见表2-3-4。

（4）外业计算及检核。完成以上8个数据的读数、记录后，立即进行本测站的外业计算，计算步骤如下：

①后视距离（9）＝100×{（1）-（2）}＝100×（后视上丝读数-后视下丝读数）

②前视距离（10）＝100×{（5）-（6）}＝100×（前视上丝读数-前视下丝读数）

③视距之差（11）＝（9）-（10）＝后视距离-前视距离≤5 m（技术要求）

④∑视距差（12）＝上站（12）＋本站（11）　　　　≤10 m（技术要求）

⑤后尺红黑面差(13)=后视黑面中丝读数+K-后视红面中丝读数

$$= (3) + K - (4) \qquad \leqslant 3\ mm(技术要求)$$

⑥前尺红黑面差(14)=前视黑面中丝读数+K-前视红面中丝读数

$$= (7) + K - (8) \qquad \leqslant 3\ mm(技术要求)$$

注:以上K为常数,且为后尺、前尺分别对应的常数(K_1、K_2)。

⑦黑面高差(15)=后视黑面中丝读数-前视黑面中丝读数=(3)-(7)。

⑧红面高差(16)=后视红面中丝读数-前视红面中丝读数=(4)-(8)。

⑨高差之差(17)=(15)-(16)±0.1=(13)-(14)。

比较(15)(16)大小确定正负号:(15)<(16),取正号;(15)>(16),取负号。

⑩平均高差(18)=1/2{(15)+(16)±0.1}

比较(15)(16)大小确定正负号:(15)<(16),取负号;(15)>(16),取正号。

上式中,±0.1即为前、后视尺红面零点常数K的差值。

以上为第一测站的操作和外业记录计算过程,完成第一测站且符合要求后方可迁站进行下一测站的施测。

注:每站读数、记录(1)—(8),随即计算(9)—(18)。每测站观测完毕,要立即进行计算和校核,符合要求后方可搬站;否则,需要重测。

(5)第一测站完毕后,转点TP_1上的水准尺不动,由记录员发出口令,1A点上的水准尺与水准仪向前移动迁至下一站,原后尺立于2A点,成为前尺,在距TP_1点与2A点大致中间位置架设仪器,用与第一站相同的方法进行观测和记录计算,即完成第一测段的施测。

(6)用以上方法依次施测后续各测段。注:若一测段用两测站无法完成时,需设置偶数站进行施测。

(7)全路线观测完毕后的计算与检核。

①各测段路线长度=本测段后视距离和+本测段前视距离和,即

$$L_1 = \sum_1 (9) + \sum_1 (10)$$
$$L_2 = \sum_2 (9) + \sum_2 (10)$$
$$L_3 = \sum_3 (9) + \sum_3 (10)$$
$$L_4 = \sum_4 (9) + \sum_4 (10)$$

全路线总长度$L = L_1 + L_2 + L_3 + L_4 = \sum (9) + \sum (10)$

②视距检核:终点站$\sum$视距差(12)$= \sum (9) - \sum (10)$

③高差检核:$\sum (15) = \sum (3) - \sum (7)$
$$\sum (16) = \sum (4) - \sum (8)$$

④各测段高差=本测段各测站高差之和,即

$$h_1 = \sum_1 (18)$$
$$h_2 = \sum_2 (18)$$

$$h_3 = \sum{}_3 (18)$$

$$h_4 = \sum{}_4 (18)$$

全路线总高差 $h = h_1 + h_2 + h_3 + h_4 = \sum (18)$。

表 2-3-4　四等水准测量外业记录表

日期：　　年　月　日　　　　　天气：　　　　　仪器型号：　　　　组号：

观测者：　　　　　　　　记录者：　　　　　　　司尺者：

测站编号	测点编号	后尺 上丝/m 下丝/m 后距/m 视距差/m	前尺 上丝/m 下丝/m 前距/m 累积差/m	方向及尺号	中丝读数		K+黑减红/mm	高差中数/m	备注
					黑面/m	红面/m			
		(1)	(5)	后尺	(3)	(4)	(13)	(18)	已知水准点的高程=
		(2)	(6)	前尺	(7)	(8)	(14)		
		(9)	(10)	后—前	(15)	(16)	(17)		
		(11)	(12)						
1				后尺					
				前尺					
				后—前					
2				后尺					尺1#的 K=
				前尺					
				后—前					
3				后尺					
				前尺					
				后—前					
									尺2#的 K=
4				后尺					
				前尺					
				后—前					

（四）四等水准测量内业计算

当整个线路的观测结束后，即可进行成果计算。成果计算方法与步骤同普通水准测量，即精度评定→推算改正后高差→推算待求点高程。

思考与练习

1.由表 2-3-5 列出水准点 A 到水准点 B 的水准测量观测成果，试计算高差、高程并作校核计算，绘图表示其地面起伏变化。

表 2-3-5　水准测量观测成果表

测　点	水准尺读数/m		高差/m		高程 /m	备　注
	后视	前视	+	−		
水准点 A	1.691				514.786	
1	1.305	1.985				
2	0.677	1.419				
3	1.978	1.763				
水准点 B		2.314				
计算校核						

2.计算并调整如图 2-3-5 所示的某线路闭合水准成果，并求出各（水准）点的高程，填入表 2-3-6 中。已知水准点 BM_A 的高程为 50.330 m，闭合水准路线的总长为 5.0 km。

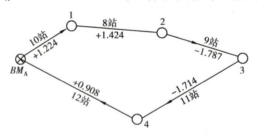

图 2-3-5　某线路闭合水准成果示意图

表 2-3-6 闭合水准测量观测成果计算表

测段编号	点名	测站数	实测高差/m	改正数/mm	改正后高差/m	高程/m	备注
1	BM_A						
2	1						
3	2						
4	3						
5	4						
	BM_A						
$\sum$							
辅助计算							

3.要求在某基本水准点 BM_1 与 BM_2 间增设 3 个临时水准点,已知 BM_1 点的高程为 1 214.216 m,BM_2 点的高程为 1 222.450 m,测得各项已知数据如图 2-3-6 所示。

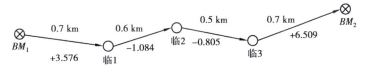

图 2-3-6 某附合水准路线测量简图

试问:

(1)该附合水准成果是否符合精度要求?

(2)若符合精度要求,调整其闭合差,并求出各临时水准点的正确高程,填入表 2-3-7 中。

表 2-3-7　附合水准测量观测成果计算表

测段编号	点名	距离/km	实测高差/m	改正数/mm	改正后高差/m	高程/m	备注
1	BM_1						
2	临 1						
3	临 2						
4	临 3						
	BM_1						
$\sum$							
辅助计算							

4.试述水准测量有哪些误差？应如何减少或消除这些误差？

考核与鉴定二

（一）单项选择题

1.在水准测量一个测站上,读得后视点 A 的读数为 1.365,前视点 B 的读数为 1.598。则可求得 A、B 两点的高差为(　　　)。

A.0.223　　　　　　B.−0.223　　　　　　C.0.233　　　　　　D.−0.233

2.在水准测量一个测站上,已知后视点 A 的高程为 1 656.458,测得 A、B 两点的高差为 1.326。则可求得 B 点的高程为(　　　)。

A.1 657.784　　　　　　B.1 655.132　　　　　　C.−1 657.784　　　　　　D.−1 655.132

3.在水准测量一个测站上,已知后视点 A 的高程为 856.458,测得后视点 A 的读数为1.320。则可求得该测站仪器的视线高程为(　　　)。

A.855.138　　　　　　B.−855.138　　　　　　C.857.778　　　　　　D.−857.778

4.在水准测量一个测站上,已知仪器的视线高为 2 856.458,测得前视点的读数为 1.342。则可求得前视点的高程为(　　　)。

A.2 855.116　　　　　　B.−2 855.116　　　　　　C.2 857.800　　　　　　D.−2 857.800

5.测绘仪器的望远镜中都有视准轴,视准轴是十字丝交点与(　　　)的连线。

A.物镜中心　　　　　　B.目镜中心　　　　　　C.物镜光心　　　　　　D.目镜光心

6.普通微倾式水准仪上,用来粗略调平仪器的水准器是(　　　)。

A.符合水准器　　　　　　B.圆水准器　　　　　　C.管水准器　　　　　　D.水准管

7.普通微倾式水准仪上,用来精确调平仪器的水准器是(　　　)。

A.符合水准器　　　　　　B.圆水准器　　　　　　C.精确水准器　　　　　　D.水准盒

8.水准器的分划值越小,其灵敏度越(　　　)。

A.小　　　　　　　　B.大　　　　　　　　C.低　　　　　　　　D.高

9.水准测量中常要用到尺垫,尺垫是在(　　　)上使用的。

A.前视点　　　　　　B.中间点　　　　　　C.转点　　　　　　　D.后视点

10.用水准测量的方法测定的高程控制点,称为(　　　)。

A.导线点　　　　　　B.水准点　　　　　　C.图根点　　　　　　D.控制点

11.在水准测量中,起传递高程作用的点称为(　　　)。

A.水准点　　　　　　B.前视点　　　　　　C.后视点　　　　　　D.转点

12.水准仪圆水准器轴平行于仪器竖轴的检验方法是:安置好仪器后,先调节圆水准气泡居中,然后将仪器绕竖轴旋转(　　　),来观察气泡是否居中,以说明条件是否满足。

A.60°　　　　　　　 B.90°　　　　　　　 C.120°　　　　　　　D.180°

13.在水准测量中,对于(　　　),可采用在起终点之间设置偶数站的方法,以消除其对高差的影响。

A.视差　　　　　　　B.水准尺零点误差　　C.仪器下沉误差　　　D.读数误差

14.用普通水准仪进行观测时,通过转动(　　　)使符合水准气泡居中。

A.调焦螺旋　　　　　B.脚螺旋　　　　　　C.微动螺旋　　　　　D.微倾螺旋

(二)多项选择题

1.在普通水准测量中,高程的计算方法有(　　　)。

A.水准面法　　　　　B.水平面法　　　　　C.视线高法　　　　　D.高差法

2.在普通水准测量一个测站上,所读的数据有(　　　)。

A.前视读数　　　　　B.后视读数　　　　　C.上视读数　　　　　D.下视读数

3.普通微倾式水准仪主要组成部分有(　　　)。

A.三脚架　　　　　　B.基座　　　　　　　C.望远镜　　　　　　D.水准器

4.普通微倾式水准仪上装置的水准器通常有(　　　)。

A 指示水准器　　　　　　　　　　　　　B.圆水准器

C.管水准器　　　　　　　　　　　　　　D.照准部水准器

5.普通微倾式水准仪的基本操作程序包括安置仪器、(　　　)和读数。

A.粗略整平　　　　　B.对中　　　　　　　C.照准目标　　　　　D.精确整平

6.根据水准点使用时间的长短及其重要性,将水准点分为(　　　)。

A.标准水准点　　　　　　　　　　　　　B.普通水准点

C.临时水准点　　　　　　　　　　　　　D.永久水准点

7.在一般工程测量中,常采用的水准路线形式有(　　　)。

A.闭合水准路线　　　B.三角水准路线　　　C.附合水准路线　　　D.支水准路线

8.为了检核观测错误,水准测量工作中要对各测站的观测高差进行检核,这种检核称为测站检核。常用的测站检核方法有(　　　)。

A.计算检核法　　　　B.限差检核法　　　　C.变更仪器高法　　　D.双面尺法

9.在各种测量工作中,根据工程需要,必须对测量仪器定期或者不定期地进行检验和校正。水准仪应满足的几何条件有(　　　)。

建筑工程测量

A.圆水准器轴应平行于仪器竖轴　　　B.水准管轴应平行于视准轴

C.十字丝横丝应该水平　　　D.十字丝竖丝应该竖直

（三）判断题

1.水准测量的原理是利用水准仪所提供的一条水平视线,配合带有刻划的标尺,测出两点间的高差。（　）

2.在水准测量中,利用高差法进行计算时,两点的高差等于前视读数减后视读数。（　）

3.在水准测量中,利用视线高法进行计算时,视线高等于后视读数加上仪器高。（　）

4.在水准测量中,用视线高法计算高程时,前视点高程等于视线高加上前视读数。（　）

5.测绘仪器的望远镜中都有视准轴,视准轴是十字丝交点与目镜光心的连线。（　）

6.管水准器的玻璃管内壁为圆弧,圆弧的中心点称为水准管的零点,通过零点与圆弧相切的切线称为水准管轴。（　）

7.水准器内壁2 mm弧长所对应的圆心角,称为水准器的分划值。（　）

8.水准器的分划值越小,其灵敏度越高,用来整平仪器的精度也越高。（　）

9.水准测量中常要用到尺垫,尺垫的作用是防止点被移动。（　）

10.当观测者的眼睛在测绘仪器的目镜处晃动时,若发现十字丝与目标影像相对移动,这种现象称为视差。（　）

11.产生视差的原因是由于观测者眼睛晃动造成的。（　）

12.产生视差的原因是由于观测者视力不好造成的。（　）

13.水准测量在一个测站上,读得后视点 A 的读数为 1.460,前视点 B 的读数为 1.786,则后视点比前视点高。（　）

14.一闭合水准路线共测量了 4 段,各段的观测高差分别为: +4.721, −1.032, −3.753, +0.096。则高差闭合差为+0.032。（　）

15.某工程在进行水准测量时,按规范计算出的高差闭合差的容许误差为 24 mm,而以观测结果计算出的实际高差闭合差为−0.025 m,说明该水准测量的外业观测成果合格。（　）

16.某工程在进行水准测量时,按规范计算出的高差闭合差的容许误差为 28 mm,而以观测结果计算出的实际高差闭合差为−0.026m,说明该水准测量的外业观测有错误。（　）

17.进行水准测量时,每测站尽可能使前、后视距离相等,可以消除或减弱水准管轴与视准轴不平行的误差对测量结果的影响。（　）

18.进行水准测量时,每测站尽可能使前、后视距离相等,可以消除或减弱视差对测量结果的影响。（　）

19.进行水准测量时,每测站尽可能使前、后视距离相等,可以消除或减弱水准管气泡居中不严格对测量结果的影响。（　）

20.因为在自动安平水准仪上没有水准管,所以不需要进行视准轴不水平的检验与校正。（　）

模块三 经纬仪测量技术

确定地面点的平面位置称为水平角测量,间接确定地面点的高程和点之间的距离称为竖直角测量。由于所使用的仪器和施测方法不同,角度测量主要分为水平角测量、竖直角测量,而经纬仪的主要用途就是测角。本模块主要学习经纬仪测量技术,主要有三个任务,即掌握经纬仪测量基本知识,掌握经纬仪的基本操作方法,以及经纬仪测量的实际应用。

 ## 学习目标

(一)知识目标

1.能说出角度测量的操作方法;
2.能说出经纬仪的主要组成部件。

(二)技能目标

1.能使用光学经纬仪和电子经纬仪;
2.能应用测回法进行水平角观测;
3.能完成角度测量。

(三)职业素养目标

1.初步形成严谨的测量工作态度;
2.能初步体会测量工作的重要性;
3.能主动参与测量仪器的实际操作;
4.具有一定的团队合作意识。

任务一　掌握经纬仪测量基本知识

任务描述与分析

使用经纬仪进行角度测量是一项基本的测量工作。角度测量包括水平角和竖直角测量。水平角是确定点的平面位置的基本要素之一,而竖直角可用于间接确定点的高程或将斜距化为平距。

本任务的具体要求是:理解角度的概念;掌握角度测量原理;认识经纬仪的基本构造;掌握 DJ$_6$ 光学经纬仪的读数方法。

方法与步骤

1.掌握水平角和竖直角测量原理;
2.认识经纬仪的构造;
3.掌握 DJ$_6$ 光学经纬仪的读数方法。

知识与技能

(一)角度的概念

水平角是一点到两个目标的方向线垂直投影在水平面上所成的夹角,如图 3-1-1 中的 β 角。水平角的角值范围是 0°~360°。

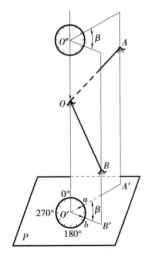

图 3-1-1　水平角测量

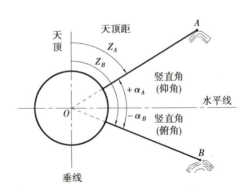

图 3-1-2　天顶距与竖直角

竖直角是同一竖直面内,一点到目标的方向线和 特定方向之间在同一竖直面内的夹角,又称高度角。如图 3-1-2 中的 α 角。竖直角的角值范围是 $-90° \sim +90°$。

天顶距是天顶方向和目标方向间的夹角,如图 3-1-2 中的 Z 角。

由图 3-1-2 可知,天顶距与竖直角的关系是:$Z+\alpha = 90°$。

角度的度量常用 60 分制。60 分制即一周为 $360°$,$1° = 60'$,$1' = 60''$。

(二)角度测量原理

1.水平角测量原理

如图 3-1-1 所示,空间两直线 OA 和 OB 相交于点 O,将点 A、O、B 沿铅垂方向投影到水平面上,得相应的投影点 A'、O'、B',水平线 $O'A'$ 和 $O'B'$ 的夹角 β 就是过两方向线所作的铅垂面间的夹角,即水平角。如图 3-1-1 所示,$O'A'$ 和 $O'B'$ 在水平度盘上总有相应读数 a 和 b,则水平角 β 为:

$$\beta = b - a$$

式中 b——夹角右边的读数;

a——夹角左边的读数。

2.竖直角和天顶距测量原理

如图 3-1-2 所示,目标方向高于水平方向的竖直角称为仰角,α 为正值,取值范围:$0° \sim +90°$;目标方向低于水平方向的竖直角称为俯角,α 为负值,取值范围:$0° \sim -90°$。

同一竖直面内由天顶方向(即铅垂线的反方向)转向目标方向的夹角则称为天顶距,其取值范围为 $0° \sim +180°$(无负值)。

经纬仪之所以能用于测量竖直角,是因为装有和望远镜一起转动的竖直度盘,能对竖直面上的目标方向进行读数,同时在竖直度盘上刻有水平方向的读数(一般为 $90°$ 或 $270°$)。所以在竖直角测量时,只要照准目标,读取竖盘读数,就可以计算目标的竖直角。

(三)认识经纬仪

经纬仪按构造原理的不同,分为光学经纬仪和电子经纬仪;按其精度由高到低,又分为 DJ_{07}、DJ_1、DJ_2、DJ_6 等级别,其中"D"为大地测量仪器的总代码,"J"为经纬仪汉语拼音的第一个字母,后面的 07、1、2、6 是指该经纬仪所能达到的一测回方向观测中误差(单位为秒)。

各种光学经纬仪的组成基本相同,以 DJ_6 型光学经纬仪为例,其构造主要由照准部、水平度盘和基座三部分组成,如图 3-1-3 所示。

1.照准部

照准部是光学经纬仪的重要组成部分,主要由望远镜、照准部水准管、竖直度盘(或简称"竖盘")、光学对中器、读数显微镜及竖轴等各部分组成。照准部可绕竖轴在水平面内转动,由水平制动螺旋和水平微动螺旋控制。

(1)望远镜:固定在仪器横轴(又称水平轴)上,可绕横轴俯仰转动而照准高低不同的目标,并由望远镜制动螺旋和微动螺旋控制。

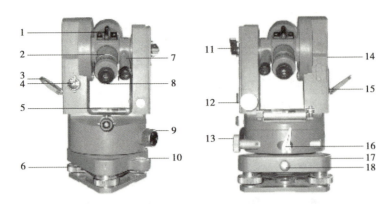

图 3-1-3　DJ_6 型光学经纬仪

1—粗瞄准；2—望远镜调焦环；3—照明反光镜；4—补偿器转换钮；5—照准部水准器；6—基座脚螺旋；
7—读数显微目镜；8—望远镜目镜；9—复盘变换手轮；10—圆水准器；11—望远镜制动手柄；
12—望远镜微动螺旋；13—水平微动螺旋；14—左侧护盖；15—照明窗；16—水平制动手柄；
17—底座；18—底座制紧螺丝

（2）照准部水准管：用来精确整平仪器。

（3）竖直度盘：用光学玻璃制成，可随望远镜一起转动，用来测量天顶距和竖直角，位于望远镜的一侧。

（4）光学对中器：用来进行仪器对中，即使仪器中心位于过测站点的铅垂线上。

（5）竖盘指标水准管：在竖直角测量中，利用竖盘指标水准管微动螺旋使气泡居中，保证竖盘读数指标线位于正确位置。

（6）读数显微镜：用来精确读取水平度盘和竖直度盘读数。

2. 水平度盘

水平度盘是由光学玻璃制成的带有刻划和注记的圆盘，顺时针方向在 0°～360°间每隔 1°刻划并注记度数。测角过程中，水平度盘和照准部是分离的，不随照准部一起转动，当转动照准部照准不同方向的目标时，移动的读数指标线便可在固定不动的度盘上读得不同的度盘读数，即方向值。如需要变换度盘位置时，可利用仪器上的度盘变换手轮，把度盘变换到需要的读数上。

3. 基座

基座即仪器的底座。照准部连同水平度盘一起插入基座轴座，用中心锁紧螺旋固紧。在基座下面，用中心连接螺旋把整个经纬仪和三脚架相连接。基座上装有三个脚螺旋，用来整平仪器。

（四）DJ_6 型光学经纬仪的读数方法

1. DJ_6 型光学经纬仪的分微尺读数法

DJ_6 型光学经纬仪采用分微尺读数法。水平度盘和竖直度盘的格值都是 1°，而分微尺的整个测程正好与度盘分划的一个格值相等，又分为 60 小格，每小格 1′，估读至 0.1′，注意秒位估读数据为 6 的倍数。

读数时，首先读取分微尺所夹的度盘分划线的度数，再依该度盘分划线在分微尺上所指的小 1°的分数，二者相加，即得到完整的读数。

如图 3-1-4 所示,读数窗中上方 H(水平角)为水平度盘影像,度、分、秒读数分别为:215,6,48(秒为估读值),最终读数结果为:215°+6′+48″=215°06′48″;读数窗中下方 V(竖角)为竖直度盘影像,读数原理与水平角 H 的读数原理相同,读数为:78°+52′+30″=78°52′30″。同理如图 3-1-5 所示,$H=234°21′06″$,$V=273°02′42″$。

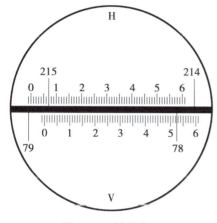

图 3-1-4 读数窗 1

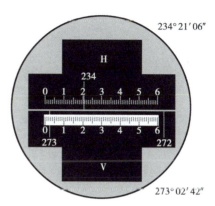

图 3-1-5 读数窗 2

2.单平板玻璃测微器及其读数方法

如图 3-1-6 所示为单平板玻璃测微器的读数窗视场,读数窗内可以清晰地看到测微盘(上)、竖直度盘(中)和水平度盘(下)的分划像。度盘凡整度注记,每度分两格,最小分划值为 30′;测微盘把度盘上 30′弧长分为三小格,每小格 20″,不足 20″ 的部分可估读,一般可估读到 1/4 格,即 5″。

图(a)中,水平度盘读数为 49°30′+22′40″=49°52′40″;

图(b)中,水平度盘读数为 107°+01′40″=107°01′40″。

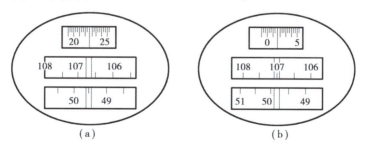

(a)   (b)

图 3-1-6 单平板玻璃测微器读数窗

拓展与提高

除了光学经纬仪以外,电子经纬仪也广泛应用于国家和城市的三、四等三角控制测量,用于铁路、公路、桥梁、水利、矿山等方面的工程测量,也可用于建筑、大型设备的安装,应用于地籍测量、地形测量和多种工程测量。电子经纬仪系列有南方、苏光(图3-1-7)、大地、科力达(图 3-1-8)、北京博新、三鼎等多种品牌。

图 3-1-7　苏州一光电子经纬仪　　　图 3-1-8　科力达电子经纬仪

思考与练习

1.经纬仪的主要组成部分有哪些？

2.请读出如图 3-1-9 所示的水平角和竖直角的读数。

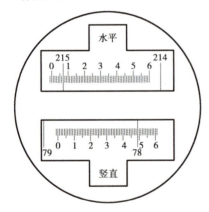

图 3-1-9　水平角和竖直角读数练习图

任务二　掌握经纬仪测量的基本方法

任务描述与分析

经纬仪可以进行角度测量、直线定向、轴线放样等操作,其测量包括外业观测和内业计算两项工作,需根据准确的地面控制点进行操作并测量。经纬仪的正确操作是一项不容忽视的重要工作。

本任务的具体要求是:掌握经纬仪测量的仪器对中、整平仪器、瞄准目标和读取数据。

 ## 方法与步骤

1.仪器对中;

2.整平仪器;

3.瞄准目标;

4.读取数据。

 ## 知识与技能

(一)仪器对中

经纬仪对中的目的是使水平度盘中心和测站点标志中心在同一铅垂线上。对中的方法有垂球对中和光学对中器对中两种。

1.垂球对中

用垂球对中[图 3-2-1(a)]的步骤如下:

(1)张开三脚架,调节架脚,使三脚架高度适中,架头大致水平,并使架头中心初步对准标志中心。

(2)装上仪器,使其位于架头中部,拧紧中心螺旋,挂上垂球。如果垂球尖偏离标志中心较大,可平移脚架,使垂球尖靠近标志中心,并将三脚架的脚尖踩入土中。同时,注意保持架头大致水平和垂球偏离标志中心不超过 1 cm。

(3)稍松开中心连接螺旋,在架头上慢慢移动仪器,使垂球尖对准标志中心,再旋紧中心连接螺旋。垂球对中误差应小于 3 mm。

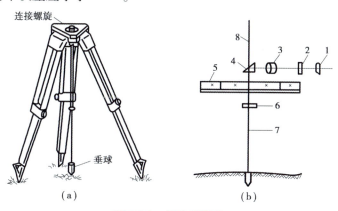

图 3-2-1 经纬仪对中

1—目镜;2—分划板;3—物镜;4—棱镜;5—水平度盘;6—保护玻璃;7—光学垂线;8—竖轴中心

2.用光学对中器对中

光学经纬仪中通常都装有光学对中器,它实际上是一个小型望远镜,它的视准轴通过棱镜转向后与仪器竖轴的方向线重合,如图 3-2-1(b)所示。用光学对中器对中,实际上是用它竖向的铅垂的视准轴去瞄准标志中心。对中步骤如下:

(1)首先打开三脚架,使架头大致水平,垂球(或目估)初步对中;然后转动(拉出)对中器目镜,使测站标志的影像清晰。

(2)转动脚螺旋,使标志中心影像位于对中器小圆圈(或十字分划线)中心,此时圆水准器气泡偏离。

(3)伸缩脚架使圆水准器气泡居中,需注意脚尖位置不得移动,再转动脚螺旋使水准管气泡居中。

(4)检查对中情况,标志中心是否位于小圆圈中心,若有很小偏差可稍松开中心连接螺旋,平稳基座,使标志中心和分划圈中心重合。

(5)检查水准管气泡,若气泡仍居中,说明对中已经完成。否则,应重复②、③、④、⑤的步骤直至标志中心与分划圈中心重合后水准管气泡仍居中为止。最后,将中心螺旋拧紧。

用光学对中器对中的优点是不受风力的影响且能够提高对中精度,其误差一般可小于1 mm。

(二)整平仪器

整平的目的是使仪器的竖轴竖直,水平度盘处于水平位置。具体操作方法如下:

(1)使照准部水准管大致平行于任意两个脚螺旋的连线方向,如图 3-2-2(a)所示。

(2)两手同时反向转动这两个脚螺旋,使水准管气泡居中(水准管气泡移动方向与左手大拇指运动方向一致)。

(3)照准部转动90°,如图 3-2-2(b)所示,此时转动第三个脚螺旋,使水准管气泡居中。

按上述步骤反复进行,直至水准管在任何位置,气泡偏离零点不超过一格为止。

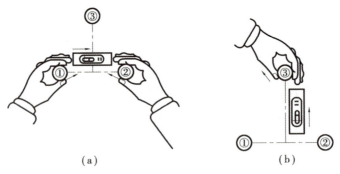

(a)　　　　　　　　　　(b)

图 3-2-2　仪器整平

(三)瞄准目标

测量水平角时,要用望远镜十字丝分划板的竖丝瞄准观测坐标,具体操作步骤如下:

(1)松开望远镜和照准部制动螺旋,将望远镜对向明亮背景,调节目镜调焦螺旋,使十字丝清晰。

（2）利用望远镜上的粗瞄器，粗略对准目标，旋紧制动螺旋。

（3）通过调节物镜调焦螺旋，使目标影像清晰，注意消除视差，如图 3-2-3 所示。

（4）转动望远镜和照准部的微动螺旋，使十字丝分划板的竖丝精确地瞄准目标，如图 3-2-3 所示。注意尽可能瞄准目标的下部。

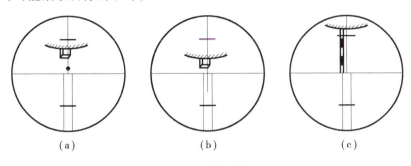

（a）　　　　　　　　　（b）　　　　　　　　　（c）

图 3-2-3　瞄准目标

（四）读取数据

（1）打开反光镜，调节镜面位置，使读数窗内进光明亮均匀。

（2）调节读数显微镜目镜调焦螺旋，使读数窗内分划线清晰。

（3）按前述的 DJ_6 光学经纬仪读数方法进行读数。

综上所述，经纬仪的使用顺序为：对中→整平→瞄准→读数。

 拓展与提高

（一）DT 系列电子经纬仪的构造

DT 系列电子经纬仪主要由照准部、水平度盘和基座三部分组成，如图 3-2-4 所示。

望远镜目镜

望远镜调焦螺旋

望远镜物镜

对中器调焦螺旋

对中器目镜

电子手簿接口

圆气泡

基座脚螺旋

基座底板

垂直制动螺旋

垂直微动螺旋

电源开关

提把

提把固定螺丝

粗瞄准器

仪器中心标志

长水准器

水平微动螺旋

水平制动螺旋

显示屏

操作键盘

基座

图 3-2-4　电子经纬仪

（二）DT 系列电子经纬仪的测量准备

1.仪器的安置、对中和整平

1）安置三脚架和仪器

（1）选择坚固地面放置脚架的三个脚，架设脚架头至适当高度，以方便观测操作。

（2）将垂球挂在三脚架的挂钩上，使脚架头大致水平，移动脚架位置并让垂球粗略对准地面测量点中心，然后将脚尖插入地面使其稳固。

（3）检查脚架各固定螺旋固紧后，将仪器置于脚架头上并用中心螺旋连接固定。

2）使用光学对中器对中

（1）调整仪器三个脚螺旋使圆水准器气泡居中。通过对中器目镜观察，调整目镜调焦螺旋，使对中分划标记清晰。

（2）调整对中器的调焦螺旋，直至地面测量标志中心清晰并与对中分划标记在同一成像平面内。

（3）松开脚架中心螺旋（松至仪器能移动即可），通过光学对中器观察地面标志，小心地平移仪器（勿旋转），直到对中十字丝（或圆点）中心与地面标志中心重合。

（4）调整脚螺旋，使圆水准器气泡居中。

（5）再通过光学对中器，观察地面标志中心是否与对中器中心重合，否则重复（3）和（4）操作，直至重合为止。

（6）确认仪器对中后，将中心螺旋旋紧固定好仪器。

> ● 仪器对中后不要再碰三脚架的三个脚，以免破坏其位置。

3）用长水准器精确整平仪器

（1）旋转仪器照准部使长水准器与任意两个脚螺旋连线平行，调整这两个脚螺旋，使长水准器气泡居中。调整两个脚螺旋时，旋转方向应相反，如图 3-2-5 所示。

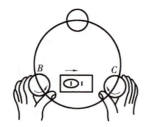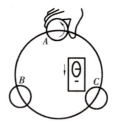

图 3-2-5　使长水准器气泡居中的方法

（2）将照准部转动 90°，用另一脚螺旋使长水准器气泡居中。

（3）重复（1）和（2），使长水准器在该两个位置上气泡都居中。

（4）在（1）的位置将照准部转动 180°，如果气泡居中并且照准部转动至任何方向气泡都居中，则长水准器安置正确且仪器已整平。

> ● 注意观察脚螺旋的旋转方向与气泡移动方向的关系。
> ● 在（4）中，气泡若不居中，应校正长水准器。

2.望远镜目镜调整和目标照准

1）目镜调整

（1）取下望远镜镜盖。

（2）将望远镜对准天空，通过望远镜观察，调整目镜旋钮，使分划板十字丝最清晰。

> ● 观察目镜时，眼睛应放松，以免产生视差和眼睛疲劳。当光亮度不足，难以看清十字丝时，长按"切换"键照明。

2）目标照准

（1）用粗瞄准器的准星对准目标。

（2）调整望远镜调焦螺旋，直至看清目标。

（3）旋紧水平与垂直制动螺旋，微调两微动螺旋，将十字丝中心精确照准目标，此时眼睛左右、上下轻微移动观察，若目标与十字丝两影像间有相对移位现象，则应该再微调望远镜调焦螺旋，直至两影像清晰且相对静止时止。

> ● 对较近目标调焦时，顺时针转动调焦螺旋；较远目标，则逆时针方向旋转。
> ● 若（3）未调整好，则视差会歪曲目标与十字丝中心的关系，从而导致观测误差。
> ● 用微动螺旋对目标作最后精确照准时，应保持螺旋顺时针方向旋转。如果转动过头，最好返回再重新按顺时针方向旋转螺旋进行照准。
> ● 即使不测竖直角，也应尽量用十字丝中心位置照准目标。

3.打开或关闭电源

按键式电源开关，打开或关闭电源的操作方法如图 3-2-6 所示。

操　作	显　示
按住 电源 键至显示屏显示全部符号，电源打开。	平距 斜距 高差 8.8.8.8-8.8-8.8 8.8:8.8 ⏻ 垂直 8.8.8.8.8.8.8.8 ′ ″%G mft 补偿 水平 8.8.8.8.8.8.8.8 ′ ″ 左 电量 锁定　　复测　　切换
2 s 后显示出水平角值，即可开始测量水平角。	2007-03-21 08:38 垂直 6 补偿 水平左 108°40′10″ 电量
按 电源 键大于 2 s 至显示屏显示 OFF 符号后松开，显示内容消失，电源关闭。	OFF

图 3-2-6　打开或关闭电源的操作方法

- 开启电源显示的水平角为仪器内存的原角值,若不需要此值时,可用"水平角置零";
- 若设置了"自动断电"功能,30 min 或 10 min 内不进行任何操作,仪器会自动关闭电源, 并将水平角自动存储起来。

4.指示竖盘指标归零

指示竖盘指标归零操作如图 3-2-7 所示。

操　作	显　示
开启电源后如果显示"b",提示仪器的竖轴不垂直,将仪器精确置平后"b"消失。 仪器精确置平后开启电源,直接显示竖盘角值。 当望远镜通过水平视线时,将指示竖盘指标归零,显示出竖盘角值。仪器可以进行水平角及竖直角测量。	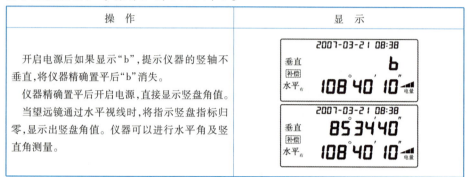

图 3-2-7　指示竖盘指标归零操作

- 采用竖盘指标自动补偿归零装置的仪器,当竖轴不垂直度超出设计规定时,竖盘指标将不能自动补偿归零,仪器显示"b",将仪器重新精确置平,待"b"消失后,仪器方恢复正常。
- 若设置了"自动断电"功能,10 min 或 30 min 内不进行任何操作,仪器会自动关闭电源,并将水平角自动存储起来。

(三)基本测量

1.盘左/盘右观测

"盘左"(正镜)是指观测者对着望远镜时,竖盘在望远镜的左边;"盘右"(倒镜)是指观测者对着望远镜目镜时,竖盘在望远镜的右边,如图 3-2-8 所示。取盘左和盘右读数的平均数作为观测值,可以有效消除仪器相应的系统误差对成果的影响。因此,在进行水平和竖直角观测时,要在完成盘左观测之后,中转望远镜180°再完成盘右观测。

(a)盘左观测　　　　　(b)盘右观测

图 3-2-8　盘左/盘右观测

2.水平角置"0"（置零）

将望远镜十字丝中心照准目标 A 后,按 置零 键两次,使水平角读数为"0°00′00″"。如:

照准目标 A 水平角显示为 50°10′20″ → 按两次 置零 键 → 显示目标 A 水平角

为 0°00′00″ 。

- 置零 键只对水平角有效。
- 除已锁定 锁定 键状态外,任何时候水平角均可置"0"。若在操作过程中误按 置零 键,只要不按第二次就没关系,当鸣响停止,便可继续以后的操作。

3.水平角与竖直角测量

1)设置水平角右旋与竖直角天顶为0°00′00″

顺时针方向转动照准部(水平右),以十字丝中心照准目标 A ,按两次 置零 键,目标 A 的水平角度设置为0°00′00″,作为水平角起算的零方向。照准目标 A 时的具体步骤及显示为:

| 垂直　93°20′30″ | 按两次 | 垂直　93°20′30″ | A 方向竖直角(天顶距值) |
| 水平右 10°50′40″ | → 置零 → | 水平右 0°00′00″ | A 方向水平角已置"0" |

顺时针方向转动照准部(水平右),以十字丝中心照准目标 B 时显示为:

| 垂直　91°05′10″ | B 方向竖直角(天顶距)值 |
| 水平右 50°10′20″ | AB 方向右旋水平角值 |

2)按左/右键后,水平角设置成左旋测量方式

逆时针方向转动照准部(水平左),以十字丝中心照准目标 A ,按两次 置零 键将 A 方向水平角置"0"。步骤和显示结果与1)的 A 目标相同。

逆时针方向转动照准部(水平左),以十字丝中心照准目标 B 时显示为:

| 垂直　91°05′10″ | B 方向竖直角(天顶距)值 |
| 水平右 309°49′40″ | AB 方向左旋水平角值 |

4.水平角锁定与解除(锁定)

在观测水平角过程中,若需保持所测(或对某方向需预置)水平时,按 锁定 键两次即可。水平角被锁定后,显示"锁定"符号,再转动仪器水平角也不发生变化。当照准至所需方向后,再按 锁定 键一次,解除锁定功能,此时仪器照准方向的水平角就是原锁定的水平角值。

- 锁定 键对竖直角或距离无效。
- 若在操作过程中误按 锁定 键,只要不按第二次就没有关系,当鸣响停止便可继续以后的操作。

5.水平角象限鸣响设置

（1）照准定向的第一个目标，按 置零 键两次，使水平角置"0"。

（2）将照准部转动约90°，至有鸣响时停止，显示为：89°59′20″。

（3）旋紧水平制动旋钮，用微动旋钮使水平读数显示为：90°00′00″，用望远镜十字丝确定象限目标点方向。

（4）用同样的方法转动照准部确定180°、270°的象限目标点方向。

> ● 当读数值经过0°、90°、180°、270°各象限时，蜂鸣器鸣响，鸣响从上述值±1′范围开始至±20″范围停止。
> ● 鸣响可以在初始设置中取消。

6.竖直角的零方向设置

竖直角在作业开始前就应依作业需要而进行初始设置，选择天顶方向为0°或水平方向为0°（方法参阅初始设置说明）。两种设置的竖盘结构如图3-2-9所示。

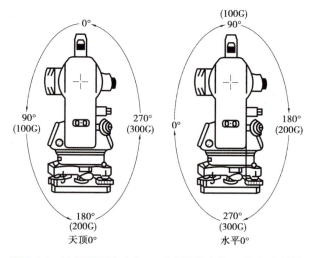

图 3-2-9　选择天顶方向为0°或水平方向为0°的竖盘结构

7.天顶距与垂直角的测量

（1）天顶距：如竖直角选择天顶方向为0°，测得（显示）的竖直角 V 为天顶距，如图3-2-10所示。

$$天顶距=(L+360°-R)/2$$

$$指标差=(L+R-360°)/2$$

（2）垂直角：如竖直角选择水平方向为0°，则测得（显示）的竖直角 V 为垂直角，如图3-2-10所示。

$$垂直角=(L±180°-R)/2$$

$$指标差=\left(L+R\frac{180°}{540°}\right)/2$$

用经纬仪测天顶距

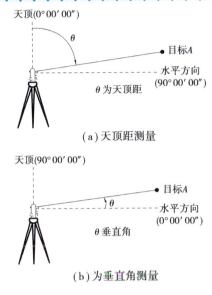

（a）天顶距测量

θ为天顶距

天顶(90°00′00″)

目标A

水平方向
(0°00′00″)

θ垂直角

（b）为垂直角测量

图3-2-10　天顶距与垂直角的测量

• 若指标差|i|≥16″,则应按相应的方法进行检验与校正。

8.斜率百分比

在测角模式下测量。竖直角可以转换成斜率百分比。按 角/坡 键,显示器交替显示竖直角和斜率百分比。

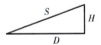

斜率百分比值＝$H/D×100\%$

斜率百分比范围从水平方向至±45°（±50G）,若超过此值则仪器显示斜率值超限EEE.EEE%。

 思考与练习

1.经纬仪整平如何操作?

2.光学经纬仪对中应如何操作?

任务三　经纬仪的实际应用

任务描述与分析

　　经纬仪测量在实际工作中广泛用于房屋、道路、桥梁、隧道、矿山等野外工程项目,在房屋建筑工程中更多的是应用于定直线、定角度,观测建筑物的垂直度、塔吊和人货梯的垂直度。

　　本任务的具体要求是:掌握用经纬仪测水平角和竖直角的方法,观测记录和数据计算、成果整理以及三角高程测量。

方法与步骤

　　1.观测记录;
　　2.数据计算;
　　3.成果整理。

知识与技能

(一)水平角观测

　　水平角观测的方法,一般根据目标的多少和精度要求而定,常用的方法有测回法和方向观测法。测回法适用于测两个方向间的水平夹角,方向观测法适用于测两个以上方向间的水平夹角。这里只讲述测回法观测水平角。

　　在建筑工程测量中,测回法是测水平角的主要方法,方向观测法适用次之。无论采用哪种方法,都要用盘左(正镜)、盘右(倒镜)位置观测。

　　● 盘左:竖盘位于观测者的左边,又称正镜。
　　● 盘右:竖盘位于观测者的右边,又称倒镜。

　　正镜或倒镜观测一次,称为半测回;正、倒镜各测一次,构成一测回,并记录在表格中。进行正、倒镜观测,成果取平均,可以消减仪器制造及检校不完善产生的误差,提高精度。

1.测回法的观测方法

　　如图 3-3-1 所示,设 O 为测站点,A、B 为观测目标,用测回法观测 OA 与 OB 两方向之间的水平角 β,具体施测步骤如下:

　　(1)测站点 O 安置经纬仪,在 A、B 两点竖立测杆或测钎等,作为目标标志。

　　(2)仪器置于盘左位置,先瞄准左目标 A,读取水平度盘读数 $a_{左}$,设读数为 $0°01'30''$,记入水平角观测手簿表 3-3-1 相应栏内。松开照准部制动螺旋,顺时

用经纬仪测
水平角

针转动照准部,瞄准右目标 B,读取水平度盘读数 $b_左$,设读数为 $98°20'48''$,记入表 3-3-1 相应栏内。以上称为上半测回,盘左位置的水平角角值(也称上半测回角值)$\beta_左$ 为:

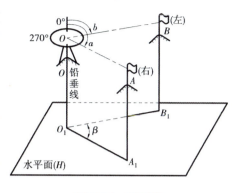

$$\beta_左 = b_左 - a_左 = 98°20'48'' - 0°01'30'' = 98°19'18''$$

(3)松开照准部制动螺旋,倒转望远镜成盘右位置,先瞄准右目标 B,读取水平度盘读数 $b_右$,设读数为 $278°21'12''$,记入表 3-3-1 相应栏内。松开照准部制动螺旋,逆时针转动照准部,瞄准左目标 A,读取水平度盘读数 $a_右$,设读数为 $180°01'42''$,记入表 3-3-1

图 3-3-1 测回法

相应栏内。以上称为下半测回,盘右位置的水平角角值(也称下半测回角值)$\beta_右$ 为:

$$\beta_右 = b_右 - a_右 = 278°21'12'' - 180°01'42'' = 98°19'30''$$

上半测回和下半测回构成一测回。

表 3-3-1 测回法观测手簿

测 站	竖盘位置	目 标	水平度盘读数	半测回角值	一测回角值	各测回半均值	备 注
第一测回 O	左	A	$0°01'30''$	$98°19'18''$	$98°19'24''$	$98°19'30''$	
		B	$98°20'48''$				
	右	A	$180°01'42''$	$98°19'30''$			
		B	$278°21'12''$				
第二测回 O	左	A	$90°01'06''$	$98°19'30''$	$98°19'36''$		
		B	$188°20'36''$				
	右	A	$270°00'54''$	$98°19'42''$			
		B	$8°20'36''$				

(4)上、下两半测回角值之差为:
$$\Delta\beta = \beta_左 - \beta_右 = 98°19'18'' - 98°19'30'' = -12''$$

(5)一测回角值为:
$$\beta_测 = (98°19'18'' + 98°19'30'') \div 2 = 98°19'24''$$

精度要求:上、下两半测回角值之差不大于 $±40''$,各测回平均角值较差一般为 $±24''$。

 特别提示

(1)同一方向的盘左、盘右读数大数应相差 $180°$。

(2)为提高测角精度,现测 n 个测回时,在每个测回开始即盘的第一个方向应旋转度盘变换手轮配置水平度盘读数,使其递增 $180°/n$。如 $n=2$,则各测回递增 $90°$,即盘左起始方向的读数分别为 $0°$、$90°$。

(3)对于 DJ_6 型光学经纬仪,估读秒位时,一定要是 $6''$ 的倍数。

（4）半测回水平夹角＝夹角右目标的读数－夹角左目标的读数；不够减时，加360°。

2.水平度盘配置的方法

先转动照准部瞄准起始目标；然后，按下度盘变换手轮下的保险手柄，将手轮推压进去，并转动手轮，直至从读数窗看到所需读数；最后，将手松开，手轮退出，把保险手柄倒回。

（二）竖直角观测

1.竖直角计算

竖直角测量只需对目标方向进行观测、读数，而水平方向读数为竖盘所固有，因此就需要用公式将目标的竖角值计算出来。

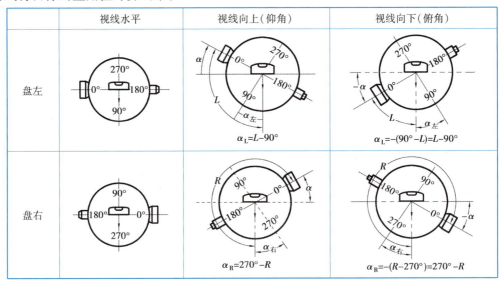

图 3-3-2　竖盘读数与竖直角计算

设目标方向在水平方向之上,盘左、盘右的竖盘读数分别为 L（小于90°）和 R（大于270°）（图3-3-2），而水平方向读数分别为90°和270°（图3-3-2），由于此时竖直角为仰角（即 $\alpha>0$），可知其计算公式为：

盘左：$\qquad\qquad\qquad \alpha_L=90°-L \qquad\qquad\qquad (3-1)$

盘右：$\qquad\qquad\qquad \alpha_R=R-270° \qquad\qquad\qquad (3-2)$

将盘左、盘右位置的两个竖直角取平均值，即得竖直角。计算公式为：

$$\alpha=\frac{\alpha_L+\alpha_R}{2} \qquad\qquad (3-3)$$

如目标方向在水平方向之下,盘左、盘右的竖盘读数必然为 $L>90°$ 和 $R<270°$（图3-3-2），代入式（3-1）和式（3-2）算得的竖直角为俯角（即 $\alpha<0$），因而此三式亦适用于俯角的计算。

2.竖盘指标差

在竖直角计算公式中,认为当视准轴水平、竖盘指标水准管气泡居中时,竖盘读数应是90°的整数倍。但是实际上这个条件往往不能满足,竖盘指标常常偏离正确位置,这个偏离的

差值 x 角,称为竖盘指标差。竖盘指标差 x 本身有正负号,一般规定当竖盘指标偏移方向与竖盘注记方向一致时,x 取正号,反之 x 取负号。

$$x=\frac{\alpha_R-\alpha_L}{2} \text{或} x=\frac{L+R-360°}{2} \qquad (3\text{-}4)$$

式(3-4)为竖盘指标差的计算公式。指标差互差(即所求指标差之间的差值)可以反映观测成果的精度。有关规范规定:竖直角观测时,指标差互差的限差,DJ_2 型仪器不得超过 $\pm15''$,DJ_6 型仪器不得超过 $\pm25''$。

3.DJ_6 型经纬仪测竖直角

1)竖直角观测、记录

(1)在测站点 O 安置经纬仪,在目标点 A 竖立观测标志,按前述方法确定该仪器竖直角计算公式,为方便应用,可将公式记录于竖直角观测手簿表备注栏中。

(2)盘左位置:瞄准目标 A,使十字丝横丝精确地切于目标顶端,转动竖盘指标水准管微动螺旋,使水准管气泡严格居中,然后读取竖盘读数 L,设为 $95°23'00''$,记入"竖直角观测手簿"表 3-3-2 相应栏内。

(3)盘右位置:重复步骤(2),设其读数 R 为 $264°36'48''$,记入表 3-3-2 相应栏内。

(4)利用上述方法测量 B 点数据,并记录在表 3-3-2 中。

2)数据计算

根据竖直角计算公式,计算得:

$$\alpha_L=90°-L=90°-95°23'00''=-5°23'00''$$

$$\alpha_R=R-270°=264°36'48''-270°=-5°23'12''$$

那么,一测回竖直角为:

$$\alpha=\frac{\alpha_L+\alpha_R}{2}=\frac{-5°23'00''-5°23'12''}{2}=-5°23'06''$$

竖盘指标差为:

$$x=\frac{\alpha_R-\alpha_L}{2}=\frac{-5°23'12''+5°23'00''}{2}=-6''$$

3)成果整理

将计算结果分别填入表 3-3-2 所示相应栏内。

表 3-3-2　竖直角观测手簿

测　站	目　标	竖盘位置	竖盘读数	半测回竖直角	指标差	一测回竖直角	备　注
O	A	左	$95°23'00''$	$-5°23'00''$	$-6''$	$-5°23'06''$	
		右	$264°36'48''$	$-5°23'12''$			
O	B(假设)	左	$95°03'12''$	$-5°03'12''$	$-18''$	$-5°03'30''$	
		右	$264°56'12''$	$-5°03'48''$			

有些经纬仪采用了竖盘指标自动归零装置,其原理与自动安平水准仪补偿器基本相同,当经纬仪整平后,瞄准目标,打开自动补偿器,竖盘指标即居于正确位置,从而提高了竖直角观测

的速度和精度。

 拓展与提高

三角高程测量

在平坦地区,当精度要求较高时,可用水准测量的方法测定控制点的高程。在山区,采用水准测量难度较大。因此,往往采用三角高程的方法来测定控制点的高程。这种方法虽然精度低于水准测量,但不受地面高差的限制,且效率高,所以应用甚广。

(一)三角高程测量的原理

三角高程测量是根据两点间的水平距离及竖角,应用三角公式计算两点的高差。

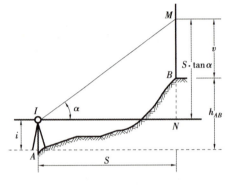

图 3-3-3 三角高程测量

如图3-3-3所示,已知A点高程H_A,欲求B点高程H_B,将经纬仪架设于A点,用中丝瞄准B点的目标,丈量仪器高i、觇标高v,观测竖直角α和平距S,则可求得高差为:

$$h_{AB} = S \cdot \tan \alpha + i - v$$

可得B点高程为:

$$H_B = H_A + h_{AB} = H_A + S \cdot \tan \alpha + i - v$$

规范规定,从已知点到未知点的观测为直觇,从未知点到已知点的观测为反觇。

(二)三角高程路线

三角高程路线有附合路线和闭合路线两种形式。起闭于不同的已知高程点的三角高程路线称为附合路线,而起闭于同一已知高程点的三角高程路线称为闭合路线。

1.三角高程路线的高差计算

1)高差计算

外业成果检查、整理,不合格的应重测;画草图,计算相邻点间的高差、距离,当往返测高差互差符合规范要求后取其平均值。

2)三角高程路线成果整理

(1)计算高差闭合差:

$$\Delta f_k = \sum h - (H_B - H_A)$$

(2)计算每千米高差改正数:

$$\delta_{千米} = -\Delta f_R / \sum S_{千米}$$

(3)计算每测段高差改正数:

$$\delta_i = S_i \cdot \delta_{千米}$$

2.独立高程点的计算

地形控制点高程的测定应尽可能包括在三角高程路线或水准路线之内,这样既有校核,又与周围地形控制点协调一致。但有时某些交会点纳入三角高程路线有困难时,亦可独立计算其高程。

思考与练习

1.水平角的观测步骤是什么？

2.竖直角的观测步骤是什么？

3.在 B 点上安置经纬仪观测 A 和 C 两个方向，盘左位置先照准 A 点，后照准 C 点，水平度盘的读数为 6°23′30″和 95°48′00″；盘右位置照准 C 点，后照准 A 点，水平度盘读数分别为 275°48′18″和 186°23′18″，试记录在表 3-3-3 测回法测角记录表中，并计算该测回角值是多少？

表 3-3-3　测回法测角记录表

测　站	盘　位	目　标	水平度盘读数 ° ′ ″	半测回角值 ° ′ ″	一测回角值 ° ′ ″	备　注

4.用 DJ$_6$ 型光学经纬仪测回法测角，测得数据如图 3-3-4 所示，试进行记录、计算并检校之（注：无括号为盘左读数，有括号为盘右读数），并完成表 3-3-4。

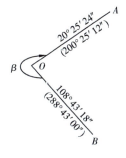

图 3-3-4　测回法测角

表 3-3-4　测回法测角记录表

测　站	竖盘位置	目　标	水平度盘读数 ° ′ ″	半测回角值 ° ′ ″	一测回角值 ° ′ ″

考核与鉴定三

(一)单项选择题

1.一点到两目标的方向线垂直投影到水平面上的夹角称为(　　)。

A.竖直角 　　　　B.水平角 　　　　C.方位角 　　　　D.象限角

2.光学经纬仪的型号按精度可分为 DJ_{07}、DJ_1、DJ_2、DJ_6,工程上常用的经纬仪是(　　)。

A.DJ_{07}、DJ_1 　　B.DJ_1、DJ_2 　　C.DJ_1 　　D.DJ_2、DJ_6

3.DJ_1、DJ_2、DJ_6 型经纬仪,其下标数字 1、2、6 代表水平方向测量一测回方向的中误差值,其单位为(　　)。

A.弧度 　　　　B.度 　　　　C.分 　　　　D.秒

4.经纬仪照准目标时,需使像略微下移,应调节(　　)。

A.照准部微动螺旋 　　　　B.望远镜微动螺旋

C.微倾螺旋 　　　　D.紧固螺旋

5.测回法测单个水平角时,两半测回差值应小于等于(　　)。

A.40″ 　　　　B.60″ 　　　　C.25″ 　　　　D.30″

6.如图示 ,水平角读数为(　　)。

A.158°06′48″ 　　B.21°06′48″ 　　C.21°00′07″ 　　D.158°00′07″

7.当观测方向数有 4 个时,测角方法应采用(　　)。

A.复测法 　　　　B.测回法

C.方向观测法 　　　　D.测回法测 4 个测回

8.水平角测量时,角值 $\beta=b-a$。现已知读数 a 为 182°33′24″,读数 b 为 102°42′12″,则角值 β 是(　　)。

A.−79°51′12″ 　　B.280°08′48″ 　　C.79°51′12″ 　　D.−280°08′48″

9.竖角亦称倾角,是指在同一垂直面内倾斜视线与水平线之间的夹角,其角值范围为(　　)。

A.0°～360° 　　B.0°～±180° 　　C.0°～±90° 　　D.0°～90°

10.经纬仪瞄准目标 P,盘左、盘右的竖盘读数分别为 81°47′24″和 278°12′24″,其竖盘指标差 x 是(　　)。

A.−06″ 　　　　B.+06″ 　　　　C.−12″ 　　　　D.+12″

11.经纬仪对中和整平的操作关系是(　　)。

A.互相影响,应反复进行

B.先对中,后整平,不能反复进行

C.相互独立进行,没有影响

D.先整平,后对中,不能反复进行

12.经纬仪精平操作应(　　)。

A.升降脚架 　　B.调节脚螺旋 　　C.调整脚架位置 　　D.平移仪器

13.下列关于经纬仪的螺旋使用,说法错误的是(　　)。

A.制动螺旋未拧紧,微动螺旋将不起作用

B.旋转螺旋时注意用力均匀,手轻心细

C.瞄准目标前应先将微动螺旋调至中间位置

D.仪器装箱时应先将制动螺旋锁紧

(二)多项选择题

1.经纬仪在必要辅助工具支持下可以直接用来测量(　　　　　)。

　　A.方位角　　　　　　　B.水平角　　　　　　C.垂直角　　　　　D.视距　　　　E.坐标

2.DJ$_6$型光学经纬仪的主要组成部分有(　　　　　)。

　　A.基座　　　　　　　　B.望远镜　　　　　　C.水准管　　　　　D.水平度盘　　　E.照准部

3.竖直角分为(　　　　　)。

　　A.平角　　　　　　　　B.直角　　　　　　　C.仰角　　　　　　D.周角　　　　E.俯角

4.角度测量包括(　　　　)。

　　A.空间角测量　　　　　B.水平角测量　　　　C.竖直角测量

　　D.倾斜角测量　　　　　E.方位角测量

5.经纬仪对中的基本方法有(　　　　　)。

　　A.光学对中器对中　　　B.锤球对中　　　　　C.目估对中

　　D.对中杆对中　　　　　E.其他方法对中

6.DJ$_6$型光学经纬仪的读数显示器的用途是(　　　　　)。

　　A.读取水平角　　　　　B.读取天顶距　　　　C.读取高差

　　D.瞄准目标　　　　　　E.获取水平距离

7.经纬仪对中的方法有(　　　　　)。

　　A.仪器对中　　　　　　B.光学对中　　　　　C.垂球对中

　　D.激光对中　　　　　　E.标杆对中

8.光学经纬仪的使用步骤包括(　　　　　)。

　　A.对中　　　　　　　　B.调平　　　　　　　C.调U形管曲线闭合

　　D.瞄目标　　　　　　　E.读数

9.DJ$_6$中D、J、6的含义是(　　　　　)。

　　A.大地测量　　　　　　B.经纬仪　　　　　　C.测角精度　　　　D.6号仪器　　　E.角度值

(三)判断题

1.1″=60′。　　　　　　　　　　　　　　　　　　　　　　　　　　　　　　　　(　　　　)

2.经纬仪只能测角度。　　　　　　　　　　　　　　　　　　　　　　　　　　(　　　　)

3.经纬仪的对中只有光学对中。　　　　　　　　　　　　　　　　　　　　　　(　　　　)

4.光学经纬仪读数时,秒上的数据是估读的。　　　　　　　　　　　　　　　　(　　　　)

5.某次测得 $\beta_{左}=89°18′36″$、$\beta_{右}=89°17′42″$,则该水平角的值为 $\beta=89°18′9″$。(　　　　)

6.经纬仪可以用来放样。　　　　　　　　　　　　　　　　　　　　　　　　　(　　　　)

7.经纬仪测天顶距或竖直角时,用中横丝瞄准目标。　　　　　　　　　　　　　(　　　　)

8.经纬仪旋转螺旋时注意用力均匀,手轻心细。　　　　　　　　　　　　　　　(　　　　)

9.DJ$_6$型光学经纬仪的读数显示器的用途是读取高差。　　　　　　　　　　　(　　　　)

10.经纬仪迁站时仪器可以不装箱。　　　　　　　　　　　　　　　　　　　　(　　　　)

11.经纬仪的安置就是整平。　　　　　　　　　　　　　　　　　　　　　　　(　　　　)

12.光学经纬仪进行角度测量时,是用望远镜读数。 （　　）

（四）计算题

1.用 DJ$_6$ 型光学经纬仪采用测回法测量水平角 β,其观测数据记录在表中,试计算其值并校核精度。

测 站	目 标	竖盘位置	水平度盘读数			半测回角值			一测回角值		
			°	′	″	°	′	″	°	′	″
O	A	左	235	54	12						
	B		31	38	42						
	A	右	55	54	18						
	B		211	38	30						

2.完成下列竖直角观测手簿的计算,不需要写公式,全部计算均在表格中完成。

测 站	目 标	竖盘位置	竖盘读数			半测回竖直角值			指标差	一测回竖直角值		
			°	′	″	°	′	″	″	°	′	″
A	B	左	81	18	42							
		右	278	41	30							
	C	左	124	03	30							
		右	235	56	54							

模块四 全站仪测量技术

随着全站仪测量技术的广泛应用,全站仪这种具有测量无接触、实时、自动、高精度等优越性能的仪器,已逐步被应用到一些高层、道路、大型工程等的施工测量工作中,并逐渐成为建筑施工质量控制的有效仪器之一。本模块以南方全站仪 NTS-350 系列为例,介绍全站仪的功能和使用,以及在建筑施工中的应用。本模块有三个学习任务,即了解全站仪测量的基本知识,掌握全站仪测量操作和掌握全站仪在实际工作中的应用。

 ## 学习目标

(一)知识目标

1.全面了解全站仪的基本知识;
2.掌握全站仪各组成部件的名称和功能;
3.掌握全站仪的基本操作方法;
4.掌握全站仪常用的测设方法与技巧。

(二)技能目标

1.能熟练操作全站仪,并能利用全站仪进行角度测量、距离测量、坐标测量、坐标放样;
2.能正确运用全站仪进行导线测量与程序测量等工作。

(三)职业素养目标

1.养成良好的敬业精神和团队合作意识;
2.具有良好的测量项目管理能力;
3.具备严谨的工作态度和工作作风;
4.具有现场灵活处置的能力。

任务一　了解全站仪测量的基本知识

任务描述与分析

全站仪在当代建筑工程施工中已经成为最常用的测量仪器之一,目前工程中使用的全站仪型号众多,功能和使用方法大致相同,其基本操作与经纬仪一样,都应进行对中、整平。

本任务的具体要求是:理解全站仪的基本概念;掌握全站仪的结构组成及配套设备的名称、功能和用途。

方法与步骤

1.认识全站仪的各组成部件名称;
2.明确全站仪各组成部分的功能和用途;
3.了解全站仪的功能;
4.了解全站仪的特点;
5.明确全站仪测量中的注意事项。

知识与技能

(一)概述

全站仪即全站型电子速测仪(Electronic Total Station),是一种集光、机、电为一体的高技术测量仪器,是集水平角、垂直角、距离(斜距、平距)、高差测量功能于一体的测绘仪器系统。因其一次安置仪器就可完成该测站上全部测量工作,所以称之为全站仪。全站仪由电子测距仪、电子经纬仪和电子记录装置三部分组成。从结构上分,全站仪可分为组合式和整体式两种。组合式全站仪是用一些连接器将测距部分、电子经纬仪部分和电子记录装置部分连接成一组合体。它的优点是能通过不同的构件进行灵活多样的组合,具有很强的灵活性。整体式全站仪是在一个仪器内装配测距、测角和电子记录三部分。测距和测角共用一个光学望远镜,方向和距离测量只需一次照准,使用十分方便。

全站仪的电子记录装置是由储存器、微处理器、输入和输出部分组成。由微处理器对获取的斜距、水平角、竖直角、视准轴误差、指标差、棱镜常数、气温、气压等信息进行处理,可以获取各种改正后的数据。在只读储存器中固化了一些常用的测量程序,如坐标测量、放样测量、悬高测量、对边测量、面积计算、偏心测量、后方交会等,只要进入相应的测量程序模式,输入已知数据,便可依据程序进行测量,获取观测数据,并解算出相应的测量结果。通过输入、输出设备,可以与计算机交互通信,将测量数据直接传输给计算机,在软件的支持下进行计算、编辑和绘图。测量作业所需要的已知数据也可以从计算机输入全站仪,可以实现整个测量作业的高度自动化。

全站仪的应用可归纳为 4 个方面:一是在地形测量中,可将控制测量和碎部测量同时进行;二是可用于施工放样测量,将设计好的管线、道路、工程建设中的建(构)筑物等的位置按图纸设计数据测设到地面上;三是可用全站仪进行导线测量、前方交会、后方交会等,不但操作简便且速度快、精度高;四是通过数据输入/输出接口设备,将全站仪与计算机、绘图仪连接在一起,形成一套完整的外业实时测绘系统(电子平板测图系统),从而大大提高测绘工作的质量和效率。

(二)全站仪的基本结构

全站仪的种类很多,各种型号仪器的基本结构大致相同。现以南方测绘仪器公司生产的 NTS-350 系列全站仪为例进行各种测量方法的介绍。南方全站仪 NTS-350 系列全站仪的外观与普通电子经纬仪相似,是由电子经纬仪和电子测距仪两部分组成。

认识全站仪

1.全站仪的构造

南方全站仪 NTS-350 的构造及名称如图 4-1-1 所示。

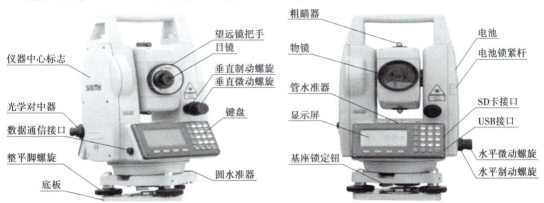

图 4-1-1 NTS-350 全站仪结构

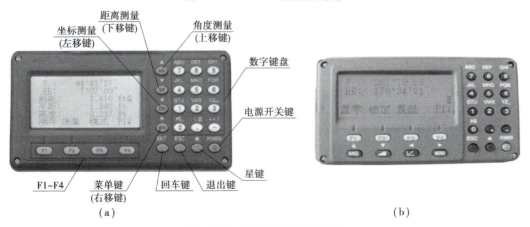

(a)　　　　　　　　　　　　　(b)

图 4-1-2 NTS-350 的键盘构造

2.显示与键盘

(1)在全站仪的前后两面,各有一个带键盘和点阵式液晶显示屏的面板,用来显示和操作全站仪。面板结构如图 4-1-2 所示。

(2)显示符号及键盘符号。全站仪面板上主要分布了液晶显示器和操作按键,表 4-1-1 和表 4-1-2 对显示符号及键盘符号的含义作了详细说明。

表 4-1-1　显示符号及其含义

显示	内容	显示	内容
V%	垂直角(坡度显示)	E	东向坐标
HR	水平角(右角)	Z	高程
HL	水平角(左角)	*	EDM(电子测距)正在进行
HD	水平距离	m	以米(m)为单位
VD	高差	ft	以英尺(ft)为单位
SD	倾斜	fi	以英尺与英寸(in)为单位
N	北向坐标		

表 4-1-2　操作键名称及功能说明

按键	名称	功能
★	星键	进入星键模式
◢	距离测量键	距离测量模式
∟	坐标测量键	坐标测量模式
ANG	角度测量键	角度测量模式
POWER	电源开关键	电源开关
MWNU	主菜单键	进入菜单模式
ESC	退出键	返回上一级或返回测量模式
0~9	数字键	输入数字和字母、小数点、负号
F1~F4	软键(功能键)	对应显示屏上相应位置显示的命令

3.功能键(软键)

软键共有 4 个,即 F1、F2、F3、F4 键,每个软键盘的功能键显示相应测量模式的信息,在各种测量模式下分别有不同的功能。

全站仪标准测量模式有三种,即角度测量模式、距离测量模式和坐标测量模式。各测量模式又有若干页,可以用 F4 进行翻页。

4.与全站仪配套使用的主要设备

（1）三脚架，如图4-1-3所示。

（2）反光棱镜与觇牌，如图4-1-4所示。由于全站仪的望远镜视准轴与测距发射接收光轴是同轴的，故反光棱镜中心与觇牌中心应一致。对中杆棱镜组的对中杆与两条铝脚架一起构成简便的三脚架系统，操作灵活方便，在低等级控制测量和施工放线测量中应用广泛。在精度要求不高时，还可以卸去其两条铝脚架，单独使用一根对中杆，携带和使用更加方便。

图 4-1-3 三脚架

（a）三棱镜组　　　（b）对中杆棱镜组　　　　　（c）单棱镜组

图 4-1-4 全站仪反光棱镜组

（三）全站仪的功能

全站仪在测站上不仅可以同时测角（水平角、天顶距或竖直角）、测距（平距、斜距、高差）、测高程，还可以进行高效率的施工测量（点的放样、悬高测量、对边测量、面积测量等），如图4-1-5所示。

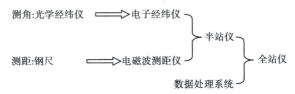

图 4-1-5 全站仪的功能介绍

（1）角度测量：测量两方向线间的水平夹角，并根据需要进行左角和右角的显示切换；测定天顶距或竖直角，并根据需要进行天顶距和竖直角的显示切换；进行水平方向的置盘，进行天顶距和斜率百分比的转换。

（2）距离测量：测定两点间的距离，并可进行斜距、平距、高差的自动转换；进行距离放样。

（3）坐标测量：测定点的坐标，根据点的坐标进行坐标放样。

（4）对边测量：在不搬动仪器的情况下，直接测量目标点与目标点间的平距、高差，还可以得到三点或多点组成的多边形面积。

（5）悬高测量：用于测量无法安置棱镜的物体的高度，如高压线的悬高。

（6）数据采集：对测量获得的数据按不同模式进行存储管理。

（7）内存文件管理：对内存文件进行删除、输出、查询和初始化的操作等。

（8）数据通信：进行仪器与测绘手簿、电脑、测绘通（一种电子手簿）等外设数据的连接通信。

 拓展与提高

（一）南方全站仪 NTS-350 的主要特点

（1）功能丰富。全站仪 NTS-350 具备丰富的测量程序，同时具有数据存储功能、参数设置功能，功能强大，适用于各种专业测量和工程测量。

（2）数字键盘操作快速。全站仪 NTS-350 功能丰富，操作却相当简单，操作按键改进了 NTS-320 的软键盘方式，采用软键和数字键盘结合的方式，按键方便、快速，易学易用。

（3）强大的内存管理。采用具有内存的程序模块，可同时存储测量数据和坐标数据多达 3 440 点。若仅存放样坐标数据，可存储 10 000 点以上，并可以方便地进行内存管理，可对数据进行增加、删除、修改、传输。

（4）自动化数据采集。野外自动化的数据采集程序，可以自动记录测量数据和坐标数据，可直接与计算机传输数据，实现真正的数字化测量。

（5）望远镜镜头更轻巧。全站仪 NTS-350 在原有的基础上，对外观及内部结构进行了更加科学合理的设计，望远镜镜头更加小巧，方便测量。

（6）特殊测量程序。在具备常用的基本测量模式（角度测量、距离测量、坐标测量）外，还具有特殊的测量程序，可进行悬高测量、偏心测量、对边测量、距离放样、坐标放样、设置新点、后方交会、面积测量，功能相当丰富，可满足专业测量的要求。

（7）中文界面和菜单。全站仪 NTS-350 采用了汉化的中文界面，对于中国用户更直观，更便于操作，显示屏更大，设计更加人性化，字体更清晰、美观，使仪器操作更加得心应手。

（二）全站仪测量注意事项

（1）全站仪尽量安置在振动影响较小的地方，安置高度要适宜。

（2）全站仪的三脚架腿不要触碰到墙体、钢架、钢筋等能传递振动的物体。

（3）在测量过程中要注意查看气泡的偏移情况，如果偏移量过大则测量成果作废，重新精确整平后重新测量数据，如果偏移量较小则不进行调整，但要将偏移情况记录下来作为数据分析的一项影响因素。

（4）建议在测量前进行气泡检校并检查仪器的设置情况，检查内容包括：棱镜常数、温度改正数的设置，测量数据的存放文件夹，测量的小数位是几位的，显示面板和记录面板的情况。

（5）测量过程中除操作人员外，其余人员不要靠近全站仪，不要在全站仪附近走动、喧哗、打闹。

（6）全站仪在手动照准时尽量不要直接用手拨，应使用水平微动螺旋和竖直微动螺旋手动照准。

（7）全站仪在测数时严禁触碰，在进行气泡检校时严禁触碰。

（8）建议在测量之前记录天气情况、温度、现场情况以及振动情况。

（9）在使用检测工装时，先将承轨面用布擦一下，安置棱镜时看一下棱镜下部是否贴紧测量面或斜面工装，看一下棱镜插头是否在孔中有晃动，如有晃动请更换棱镜插头。

（10）全站仪建站位置宜在模具的中线的延长线上，定向点选用中线上的点。

（11）全站仪建站时建站坐标选值要适宜，使测量成果的 X 坐标、Y 坐标和高程坐标都是正值。

 思考与练习

1. 全站仪的电子记录装置由哪几部分组成？

2. 指出南方全站仪 NTS-350 主要部件名称。

3. 南方全站仪 NTS-350 的主要功能有哪些？

4. 南方全站仪 NTS-350 的主要特点有哪些？

任务二　掌握全站仪测量操作

 任务描述与分析

利用全站仪进行工程测量，可以直接得到角度、距离、平面坐标、高程等数据，使用起来十分便利。

本任务的具体要求是：学生能独立应用全站仪进行角度和距离测量、坐标测量、放样测量，同时还能利用全站仪自带的测量程序包完成一些比较复杂的特殊测量。

方法与步骤

1.全站仪测量前准备；
2.开机和仪器设置；
3.进行全站仪角度、距离测量；
4.进行全站仪坐标测量；
5.进行全站仪放样测量。

 知识与技能

（一）全站仪测量前的准备

在使用全站仪进行测量之前，必须做好以下准备工作：首先检查全站仪的各项指标是否正常，再检查电源是否充足，然后进行对中、整平；开机后还要检查和设置各项参数；如果使用合作目标测量，还需要在目标处安置棱镜。

（二）开机与仪器设置

全站仪内有很多参数需要设置，只有正确地设置这些参数，全站仪才能正常工作。而且，有些参数还要根据实际情况进行调整，如温度、气压改正等。NTS-350系列全站仪有三种设置仪器参数的方法，分别对应不同的参数设置。第一种是基本参数的设置，操作时要关机后按F4键加开机（POWER）键开机，进入基本设置菜单，可以对仪器进行以下项目设置：单位设置、测量模式设置、仪器蜂鸣和两差改正；第二种是在正常测量状态下对测量参数的设置，这些参数包括温度、气压、棱镜常数、最小读数、自动关机和垂直角倾斜改正；第三种是仪器固定常数的设置，如仪器的加常数和乘常数，这种参数在仪器出厂时已经设定好，只有经专业人员检测后对其更改，设置方法是按F1加开机键进入设置界面。

NTS-350系列全站仪采用光栅度盘技术，因此在按开机（POWER）键开机后，需要分别将仪器望远镜和照准部转动360°，对竖直度盘和水平度盘置零设置。置零动作完成后，仪器才能显示正常工作界面，即测角状态，如图4-2-1所示。

图 4-2-1　正常工作界面

（三）角度、距离测量

角度测量和距离测量是全站仪的最基本的测量模式。全站仪最原始的测量数据是 HR（水平角）、VR（竖直角）、SD（倾斜距离）。通过内部处理程序可以显示和存储各种测量要素，如 HD（水平距离）、VD（高差）、N（北坐标）、E（东坐标）、Z（高程）等。

1.水平角和竖直角测量

首先应确认仪器处于角度测量模式。

瞄准目标的方法：

（1）将望远镜对准明亮天空，旋转目镜筒，调焦看清十字丝（先朝自己方向旋转目镜筒，再慢慢旋进调焦使十字丝清晰）。

（2）利用粗瞄准器内三角形标志的顶尖瞄准目标点，照准时眼睛与瞄准器之间应保留一定距离。

（3）利用望远镜调焦螺旋使目标成像清晰。

水平角和竖直角测量具体操作步骤如图 4-2-2 所示。若要返回上一模式，可按 F4 键，按 F2 键可以在右角和左角之间相互切换。

操作过程	操作	显示
①照准第一个目标 A	照准目标 A	V：　　82°09′30″ HR：　90°09′30″ 置零　锁定　置盘　P1↓
②设置目标 A 的水平角为 0°00′00″ 　按 F1（置零）键和 F3（是）键	F1	水平角置零 　　＞ OK? --- ---　［是］［否］
	F3	V：　　82°09′30″ HR：　0°00′00″ 置零　锁定　置盘　P1↓
③照准第二个目标 B，显示目标 B 的 V/H	照准目标 B	V：　　92°09′30″ HR：　67°09′30″ 置零　锁定　置盘　P1↓

图 4-2-2　水平角和竖直角测量具体操作步骤

2.水平角设置

在进行角度测量时，通常需要将某一个方向的水平角设置成希望的角度值，以便确定统一的计算方位，这可以通过水平角设置来完成。

水平角有两种设置方法，即锁定角度值和键盘输入，这两种设置方法的步骤分别如图 4-2-3 和图 4-2-4 所示。

操作过程	操 作	显 示
①用水平微动螺旋转到所需的水平角	显示角度	V： 122°09′30″ HR： 90°09′30″ 置零 锁定 置盘 P1↓
②按 F2（锁定）键	F2	水平角锁定 HR： 90°09′30″ >设置 ？ --- --- ［是］［否］
③照准目标	照准	
④按 F3（是）键完成水平角设置＊1），显示窗变为正常的角度测量模式	F3	V： 122°09′30″ HR： 90°09′30″ 置零 锁定 置盘 P1↓
＊1)若要返回上一个模式,可按 F4（否）键		

图 4-2-3　锁定角度值操作步骤

操作过程	操 作	显 示
①照准目标	照准	V 89°33′23″ HR 67°45′00″ 置零 锁定 置盘 P1↓
②按 F3（置盘）键	F3	水平角设置 HR： ------------------- 输入 --- --- 回车
③通过键盘输入所要求的水平角,如 90°01′12″	输入	V 89°33′23″ HR 90°01′12″ 置零 锁定 置盘 P1↓

图 4-2-4　键盘输入操作步骤

3.垂直角与斜率(V%)的转换

将仪器调整为角度测量模式,按以下操作进行:

(1)按"F4"(↓)键转到显示屏第2页;

(2)按"F3"(V%)键,显示屏即显示V%,进入斜率(%)模式。按"F3"键可以在两种模式间交替切换。

4.天顶距与高度角的转换

全站仪显示的竖直角有两种,即以天顶方向为起算 0 点的天顶距和以水平线为起算 0 点的高度角。这两种模式之间的切换按以下方式进行:

(1)按"F4"(↓)键转到显示屏第 3 页;

(2)按"F3"(竖直)键,可以在天顶距和高度角之间交替切换。

5.距离测量(连续测量)

距离测量也是全站仪的一项最基本的功能,在做距离测量之前通常需要确认大气改正的设置和棱镜常数设置。

在仪器开机时,测量模式可设置为 N 次测量或连续测量模式,两种测量模式可以在测量过程中切换。距离测量步骤如图 4-2-5 和图 4-2-6 所示。

操作过程	操 作	显 示
①照准棱镜中心	照准	V: 90°10′20″ HR: 170°30′20″ H-蜂鸣 R/L 竖直 P3↓
②按◢键,距离测量开始*1),*2)	◢	HR: 170°30′20″ HD*[r] <<m VD: m 测量 模式 S/A P1↓ HR: 170°30′20″ HD* 235.343 m VD: 36.551 m 测量 模式 S/A P1↓
③显示测量的距离*3)—*5) 再次按◢键,显示变为水平角(HR)、垂直角(V)和斜距(SD)	◢	V: 90°10′20″ HR: 170°30′20″ SD* 241.551 m 测量 模式 S/A P1↓

图 4-2-5 连续测量

(四)坐标测量

坐标测量是角度和距离测量的程序化,通过直接测量出的水平角和斜距,仪器经过程序计算,将结果显示为坐标形式。坐标测量需要经过以下几个步骤:设置测站点的坐标→设置仪器高和目标高→设置后视点,并通过测量来确定后视方位→坐标测量。

以下分别介绍各个步骤中的操作。

操作过程	操作	显示
①照准棱镜中心	照准	V: 122°09′30″ HR: 90°09′30″ 置零 锁定 置盘 P1↓
②按 ◢ 键,连续测量开始*1)	◢	HR: 170°30′20″ HD*[r] <<m VD: m 测量 模式 S/A P1↓
③当连续测量不再需要时,可按 F1 (测量)键*2),测量模式为 N 次测量模式 当光电测距(EDM)正在工作时,再按 F1 (测量)键,模式转变为连续测量模式	F1	HR: 170°30′20″ HD*[n] <<m VD: m 测量 模式 S/A P1↓ HR: 170°30′20″ HD: 566.346 m VD: 89.678 m 测量 模式 S/A P1↓
*1)在仪器开机时,测量模式可设置为 N 次测量模式或者连续测量模式,参阅"基本设置" *2)在测量中,要设置测量次数(N 次),参阅"基本设置"		

图 4-2-6 N 次测量/单次测量

1.设置测站点

设置仪器(测站点)相对于坐标原点的坐标,仪器可以自动转换和显示未知点(棱镜点)在该坐标系中的坐标。测站点坐标一旦设置,仪器关闭后仍然可以保存。设置步骤如图 4-2-7 所示。

操作过程	操作	显示
①在坐标测量模式下按 F4 键,进入第 2 页功能	F4	N: 286.213 m E: 76.255 m Z: 10.437 m 测量 模式 S/A P1↓ 镜高 仪高 测站 P2↓
②按 F3 键	F3	N->: 0.000 m E: 0.000 m Z: 0.000 m 输入 -- -- 回车
③输入 N 坐标,如 N=1 000.000 m	F1 输入数据 F4	N: 1 000.000 m E->: 0.000 m Z: 0.000 m 输入 -- -- 回车
④按同样的方法输入 E 和 Z 坐标(如 E=40.222,Z=333.110),输入数据后,显示屏返回坐标测量显示	输入数据,回车	N: 1 000.000 m E: 40.222 m Z: 333.110 m 测量 模式 S/A P1↓
输入范围:N、E、Z 介于-999 999.999 m 和 999 999.999 m 之间		

图 4-2-7 测站点设置步骤

2.设置仪器高

仪器高按图 4-2-8 所示步骤设置,一旦设置好,关机后仍可保存。

操作过程	操　作	显　示
①在坐标测量模式下按 F4 键,进入第 2 页功能	F4	N:　　　286.213 m E:　　　76.255 m Z:　　　10.437 m 测量　模式　S/A　P1↓ 镜高　仪高　测站　P2↓
②按 F2 键	F2	仪器高 输入 仪高　0.000 m 输入　--　--　回车
③输入仪器高	F1 输入数据 F4	N:　　　1 000.000 m E:　　　40.222 m Z:　　　333.110 m 测量　模式　S/A　P1↓
输入范围:仪器高介于-999 999.999 m 和 999 999.999 m 之间		

图 4-2-8　仪器高设置步骤

3.设置棱镜高

棱镜高的设置步骤与仪器高设置基本相同。

4.实施测量

当设置好测站、仪器高和棱镜高以后,便可以着手进行坐标测量,按图 4-2-9 所示步骤进行测量。测量前还要设置后视方位。

操作过程	操　作	显　示
①设置已知点 A 的方向角＊1)	设置方向角	V:122°09′30″ HR:90°09′30″ 置零　锁定　置盘　P1↓
②照相目标 B,按	照准棱镜	N:　　　　<<m E:　　　　m Z:　　　　m 测量　模式　S/A　P1↓
③按 F1(测量)键,开始测量	F1	N＊:　　286.245 m E:　　　76.233 m Z:　　　14.568 m 测量　模式　S/A　P1↓
在测站点的坐标未输入的情况下,(0,0,0)作为缺省的测站点坐标 当仪器高未输入时,仪器高以 0 计算;当棱镜高未输入时,棱镜高以 0 计算		

图 4-2-9　实施测量步骤

5.无合作目标测量

NTS-350 系列全站仪具有激光免棱镜测量功能的,当需要测量那些无法达到或不便安置棱镜的目标,按"★"键进入免棱镜设置模式,启动激光测距。

(五)放样测量

1.点放样(坐标放样)

放样是全站仪的一项最常用的功能,它的目的是将设计的点位落实到地面的具体位置上。全站仪放样有两种方式:极坐标放样和坐标放样。极坐标法是测距、测角的逆过程,需要通过其他计算工具计算出待放样点的转角(方位角)和边长;而坐标放样是直接根据设计的坐标来放样待测点的位置,坐标放样之前同样需要设置测站点和后视定向,其设站的操作步骤和坐标测量相同。

使用全站仪放样

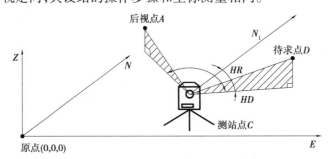

图 4-2-10 坐标放样图

如图 4-2-10 所示,C 点为已知的测站点,A 点为已知的后视点,D 点为待放样点。所有数据可以预先采集存储在仪器内存文件中,需要时调用,也可以直接输入。其放样步骤如下:

(1)设置测站点:以输入测站点坐标为例,如图 4-2-11 所示。

操作过程	操作	显示
①由放样菜单1/2 按 F1 (测站点号输入)键,即显示原有数据	F1	测站点: 点号:_____ 输入 调用 坐标 回车
②按 F3 (坐标)键	F3	N: 0.000 m E: 0.000 m Z: 0.000 m 输入 --- 点号 回车
③按 F1 (输入)键,输入坐标值按 F4 (ENT)键*1),*2)	F1 输入坐标 F4	N: 10.000 m E: 25.000 m Z: 63.000 m 输入 --- 点号 回车

④按同样方法输入仪器高,显示屏返回到放样菜单 1/2	F1 输入仪高 F4	仪器高 输入 仪高　　　　　0.000 m 输入　---　---　回车
⑤返回放样菜单	F1 输入 F4	放样　　　　　　　1/2 F1:输入测站点 F2:输入后视点 F3:输入放样点　　　P↓
可以将坐标值存入仪器,参见"基本设置"		

图 4-2-11　设置测站点操作步骤

（2）设置后视点:可直接输入后视点方位角和后视点坐标,以输入后视点坐标为例,如图 4-2-12 所示。

操作过程	操　作	显　示
①由放样菜单 1/2 按 F2（后视）键,即显示原有数据	F2	后视 点号　=　: 输入　调用　NE/AZ　回车
②按 F3（NE/AZ）键	F3	N->　　　　0.000 m E　　　　　0.000 m 输入　---　点号　回车
③按 F1（输入）键,输入坐标值按 F4（回车)键 * 1),* 2)	F1 输入坐标 F4	后视 H（B）　120°30′20″ >照准?　［是］［否］
④照准后视点	照准后视点	
⑤按 F3（是）键,显示屏返回到放样菜单 1/2	照准后视点 F3	放样　　　　　　　1/2 F1:输入测站点 F2:输入后视点 F3:输入放样点　　　P↓
可以将坐标值存入仪器,参见"基本设置"		

图 4-2-12　设置后视点操作步骤

（3）实施放样:与设置测站点、后视点一样,可以通过键盘直接输入,现以调用内存中坐标为例,如图 4-2-13 所示。

操作过程	操作	显示
①由放样菜单1/2按 F3 (放样)键	F3	放样 1/2 F1:输入测站点 F2:输入后视点 F3:输入放样点 P↓ 放样 点号:_____ 输入 调用 坐标 回车
②F1 (输入)键,输入点号*1),按 F4 (ENT)键*2)	F1 输入点号 F4	镜高 输入 镜高 0.000 m 输入 --- --- 回车

③按同样方法输入反射镜高,当放样点设定后,仪器就进行放样元素的计算
HR:放样点的水平角计算值
HD:仪器到放样点的水平距离计算值
	F1
	输入镜高
	F4
		计算
		  HR: 122°09′30″
		  HD: 245.777 m
		角度 距离 --- ---

④照准棱镜,按 F1 角度键
  点号,放样点
  HR:实际测量的水平角
  dHR:对准放样点仪器应转动的水平角
    =实际水平角-计算的水平角
  当dHR=0°00′00″时,即表明放样方向正确
	照准
	F1
		点号: LP-100
		HR: 2°09′30″
		dHR: 22°30′30″
		距离 --- 坐标 ---

⑤按 F1 (距离)键
  HD:实际的水平距离
  dHD:对准放样点高差的水平距离
    =实测高差-计算高差*2)
	F1	HD＊[Y] <m
		dHD: m
		dZ: m
		模式 角度 坐标 继续
		
		HD＊ 245.777 m
		dHD: -3.223 m
		dZ: -0.067 m
		模式 角度 坐标 继续

⑥按 F1 (模式)键进行精测	F1	HD＊[Y] <m dHD: m dZ: m 模式 角度 坐标 继续 HD＊ 244.789 m dHD: -3.213 m dZ: -0.047 m 模式 角度 坐标 继续
⑦当显示值dHR、dHD的dZ均为0时,则放样点的测设已经完成*3)		
⑧按 F3 (坐标)键,即显示坐标值	F3	N: 12.322 m E: 34.286 m Z: 1.5772 m 模式 角度 --- 继续
⑨按 F4 (继续)键,进入下一个放样点的测设	F4	放样 点号:_____ 输入 调用 坐标 回车

图 4-2-13　实施放样操作步骤

2.距离放样

该功能可显示出测量的距离与输入的放样距离之差。

$$测量距离-放样距离=显示值$$

放样时可选择平距(HD)、高差(VD)和斜距(SD)中的任意一种放样模式,操作步骤如图4-2-14 所示。

操作过程	操作	显示
①在距离测量模式下按 F4 (↓)键,进入第2页功能	F4	HR: 170°30′20″ HD: 566.346 m CD: 89.678 m 测量 模式 S/A P1↓ 偏心 放样 m/f/i P2↓
②按 F2 (放样)键,显示出上次设置的数据	F2	放样 HD: 0.000 m 水平 高差 斜距 ―――
③通过按 F1 - F3 键选择测量模式 F1:平距,F2:高差,F3:斜距 例:水平距离	F1	放样 HD: 0.000 m 输入 ――― ―――回车
④输入放样距离 * 1)350 m	F1 输入 350 F4	放样 HD: 350.000 m 输入 ――― ―――回车
⑤照准目标(棱镜)测量开始,显示出测量距离与放样距离之差	照准 P	HR: 120°30′20″ dHD * [r] <<m VD: m 输入 ――― ――― 回车
⑥移动目标棱镜,直至距离差等于0 m为止		HR: 120°30′20″ dHD * [r] 25.688 m VD: 2.876 m 测量 模式 S/A P↓
若要返回到正常的距离测量模式,可设置放样距离为0 m或关闭电源		

图 4-2-14 实施距离放样操作步骤

拓展与提高

新型全站仪大都自带各种实用的测量程序,不仅能完成常规的角度、距离、坐标和坐标放样测量,还能利用自带的测量程序包完成一些比较复杂的特殊测量。

(一)对边测量

该功能测量两个目标棱镜之间的水平距离、斜距、高差和水平角,也可以直接输入坐标值或调用坐标数据文件进行计算。对边测量模式有以下两个功能:

1.多点间距离测量

测量 P_1—P_2、P_1—P_3、P_1—P_4,如图 4-2-15 所示。

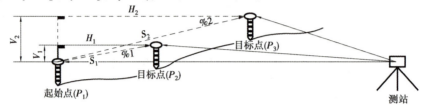

图 4-2-15　多点间距离测量

2.改变起始点间距离测量

不仅可以测量 P_1—P_2、P_1—P_3、P_1—P_4,还可以测量 P_2—P_3、P_3—P_4,如图 4-2-16 所示。测量模式的过程与多点间距离测量模式完成相同。

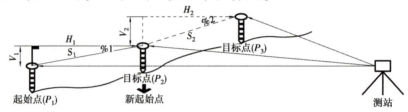

图 4-2-16　改变起始点间距离测量

对边测量操作步骤如图 4-2-17 所示。

操作过程	操作	显　示
①按 MENU 键,再按 F4 (P↓)键,进入 　第2页菜单	MENU F4	菜单　　　　　　　　2/3 F1:程序 F2:格网因子 F3:照明　　　　　　P1↓
②按 F1 键,进入程序	F1	菜单　　　　　　　　1/2 F1:悬高测量 F2:对边测量 F3:Z 坐标　　　　　P1↓
③按 F2 (对边测量)键	F2	对边测量 F1:使用文件 F2:不使用文件

操作	按键	显示
④按 F1 或 F2 键,选择是否使用坐标文件(例:F2:不使用坐标文件)	F2	格网因子 F1:使用格网因子 F2:不使用格网因子
⑤按 F1 或 F2 键,选择是否使用坐标格网因子	F2	对边测量 F1:MLM-1(A-B,A-C) F2:MLM-2(A-B,B-C)
⑥按 F1 键	F1	MLM-1(A-B,A-C) <第一步> HD:　　　　　　m 测量　镜高　坐标　设置
⑦照准棱镜 A,按 F1 (测量)键显示仪器至棱镜 A 之间的平距(HD)	照准 A F1	MLM-1(A-B,A-C) <第一步> HD * [n]　　　　<<m 测量　镜高　坐标　设置 MLM-1(A-B,A-C) <第一步> HD *　　287.882 m 测量　镜高　坐标　设置
⑧测量完毕,棱镜的位置被确定	F4	MLM-1(A-B,A-C) <第二步> HD:　　　　　　m 测量　镜高　坐标　设置
⑨照准棱镜 B,按 F1 (测量)键显示仪器到棱镜 B 的平距(HD)	照准 B F1	MLM-1(A-B,A-C) <第二步> HD *　　　　<< m 测量　镜高　坐标　设置 MLM-1(A-B,A-C) <第二步> HD *　　223.846 m 测量　镜高　坐标　设置
⑩测量完毕,显示棱镜 A 与 B 之间的平距(dHD)和高差(dVD)	F4	MLM-1(A-B,A-C) dHD:　　21.416 m dVD:　　1.256 m --- --- 平距 ---
⑪按 ◣ ,可显示斜距(dSD)	◣	MLM-1(A-B,A-C) dSD:　　263.376 m HR:　　10°09′30″ --- --- 平距 ---

操作过程	操作	显示
⑫测量 A—C 之间的距离,按 F3 键(平距)*1)	F3	MLM-1(A-B,A-C) <第二步> HD:　　　　　　　m 测量　镜高　坐标　设置
⑬照准棱镜 C,按 F1 (测量)键显示仪器到棱镜 C 的平距(HD)	照准棱镜 C F1	MLM-1(A-B,A-C) <第二步> HD:　　　　　<< m 测量　镜高　坐标　设置
⑭测量完毕,显示棱镜 A 与 C 之间的平距(dHD)、高差(dVD)	F4	MLM-1(A-B,A-C) dHD:　　　　　3.846 m dVD:　　　　　12.256 m —— —— 平距 ——
⑮测量 A—D 之间的距离,重复操作步骤⑫—⑭*1)		
*1)按 ESC 键,可返回到上一个模式		

图 4-2-17　对边测量操作步骤

(二)悬高测量

为了得到不能放置棱镜的目标点高度,只需要将棱镜架设于目标点所在铅垂线上的任一点,然后进行悬高测量,如图 4-2-18 所示。

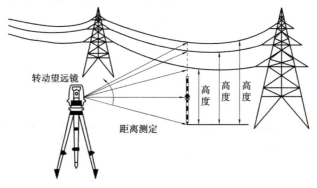

图 4-2-18　悬高测量

(1)有棱镜高(h)输入的情形(例 h=1.3 m),操作步骤如图 4-2-19 所示。

操作过程	操作	显示
①按 MENU 键,再按 F4 (P↓)键,进入第 2 页菜单	MENU F4	菜单　　　　　　　2/3 F1:　程序 F2:　格网因子 F3:　照明　　　　　P1↓

②按 F1 键,进入程序	F1	程序　　　　　　1/2 F1：悬高测量 F2：对边测量 F3：Z 坐标
③按 F1 (悬高测量)键	F1	悬高测量 F1：输入镜高 F2：无需镜高
④按 F1 键	F1	悬高测量-1 <第一步> 镜高：　　　　　0.000 m 输入　---　---　回车
⑤输入棱镜高 *1)	F1 输入棱镜高 1.3 F4	悬高测量-1 <第二步> HD：　　　　　　m 测量　---　---　设置
⑥照准棱镜	照准 P	悬高测量-1 <第二步> HD*　　　　　<<m 测量
⑦按 F1 (测量)键,测量开始显示仪器 　至棱镜之间的水平距离(HD)	F1	悬高测量-1 <第二步> HD*　　123.342 m 测量　　　　　设置
⑧测量完毕,棱镜的位置被确定	F4	悬高测量-1 VD：　　　3.435 m ---　镜高　平距　---
⑨照准目标 K 　显示垂直距离(VD) *3)	照准 K	悬高测量-1 VD：　　　24.287 m ---　镜高　平距　---

*1)按 F2 (镜高)键,返回步骤⑤,按 F3 平距键,返回步骤⑥

*2)按 ESC 键,返回程序菜单

图 4-2-19　有棱镜测量操作步骤

(2)没有棱镜高输入的情形,操作步骤如图 4-2-20 所示。

操作过程	操 作	显 示
①按 MENU 键,再按 F4 键,进入第2页菜单	MENU F4	菜单　　　　　　　　2/3 F1: 程序 F2: 格网因子 F3: 照明　　　　　P1↓
②按 F1 键,进入特殊测量程序	F1	菜单 F1: 悬高测量 F2: 对边测量 F3: Z坐标
③按 F1 键,进入悬高测量	F1	悬高测量　　　　　　1/2 F1: 输入镜高 F2: 无需镜高
④按 F2 键,选择无棱镜模式	F2	悬高测量-2 <第一步> HD:　　　　　　　　m 测量　---　---设置
⑤照准棱镜	照准 P	悬高测量-2 <第一步> HD*　　　　　　　<< m 测量　---　---设置
⑥按 F1 (测量)键,测量开始显示仪器至棱镜之间的水平距离	F1	悬高测量-2 <第一步> HD:　　　　287.567 m 测量　---　---　---
⑦测量完毕,棱镜的位置被确定	F4	悬高测量-2 <第 二 步> V: 80°09′90″ ---　---　---设置
⑧照准地面点 G	照准 G	悬高测量-2 <第二步> V: 122°09′30″ ---　---　---　设置
⑨按 F4 (设置)键,G点的位置即被确定*1)	F4	悬高测量-2 VD:　　　　　0.000 m ---　垂直角　平距　---

⑩照准目标点 K 显示高差(VD)＊2)	照准 K	悬高测量-2 VD: 　　　　　10.224 m --- 垂直角 平距 ---
＊1)按 F3 (HD)键,返回步骤⑤,按 F2 (V)键,返回步骤⑧		
＊2)按 ESC 键,返回程序菜单		

图 4-2-20　无棱镜测量操作步骤

(三)面积计算

(1)用坐标数据文件计算面积,操作步骤如图 4-2-21 所示。

操作过程	操作	显　示
①按 MENU 键,再按 F4 (P↓)键显示主菜单 2/3	MENU F4	菜单　　　　　　　　　2/3 F1: 程序 F2: 格网因子 F3: 照明　　　　　　P1↓
②按 F1 键,进入程序	F1	程序 F1: 悬高测量 F2: 对边测量 F3: Z 坐标　　　　P1↓
③按 F3 (P1↓)键	F4	程序　　　　　　　　　2/2 F1: 面积 F2: 点到线测量 　　　　　　　　　　P1↓
④按 F1 (面积)键	F4	面积 F1: 文件数据 F2: 测量
⑤按 F1 (文件数据)键	F1	选择文件 FN:_____ 输入　调用　---　回车
⑥按 F1 (输入)键,输入文件名后,按 F4 键确认,显示初始面积计算屏	F1 输入 FN F4	面积　　　　　　　0000 　　　　　　　m.sq 下点:DATA-01 点号　调用　单位　下点

操作过程	操作	显 示
⑦按 F4 键(下点)＊1)＊2),文件中第1个点号数据(DATA-01)被设置,第2个点号即被显示	F4	面积　　　　　　0000 　　　　　　　　m.sq 下点:DATA-02 点号　调用　单位　下点
⑧重复按 F4 (下点)键,设置所需要的点号,当设置3个点以上时,这些点所包围的面积就被计算,结果显示在屏幕上	F4	面积　　　　　　0000 　　　　156.144 m.sq 下点:DATA-12 点号　调用　单位　下点
＊1)按 F1 (点号)键,可设置所需的点号		
＊2)按 F2 (调用)键,可显示坐标文件中的数据表		

图 4-2-21　坐标数据文件计算面积操作步骤

(2)用测量数据计算面积,操作步骤如图 4-2-22 所示。

操作过程	操 作	显 示
①按 MENU 键,再按 F4 (P↓)键显示主菜单 2/3	MENU F4	菜单　　　　　　2/3 F1:　程序 F2:　格网因子 F3:　照明　　　P1↓
②按 F1 键,进入程序	F1	程序　　　　　　1/2 F1:　悬高测量 F2:　对边测量 F3:　Z坐标　　P1↓
③按 F4 (P1↓)键	F4	程序　　　　　　2/2 F1:　面积 F2:　点到线测量 　　　　　　　　P1↓
④按 F1 (面积)键	F1	面积 F1:　文件数据 F2:　测量
⑤按 F2 (测量)键	F2	面积 F1:　使用格网因子 F2:　不使用格网因子
⑥按 F1 或(F2)键,选择是否使用坐标格网因子,如选择 F2 键不使用格网因子	F2	面积　　　　　　0000 　　　　　　　　m.sq 测量　---　单位　---

⑦照准棱镜,按 F1 (测量)键,进行测量 *1)	照准 P F1	N*[n]　　　　　<<m E:　　　　　　m Z:　　　　　　m >测量 --- --- ---
⑧照准下一个点,按 F1 (测量)键,测三个点以后显示出面积	照准 F1	面积　　　　　0003 　　　　1.144 m.sq 测量 --- 单位 ---
*1)仪器处于 N 次测量模式		

图 4-2-22　用测量数据计算面积的操作步骤

注意:

(1)如果图形边界线相互交叉,则面积不能正确计算。

(2)混合坐标文件数据和测量数据来计算面积是不可能的。

(3)面积计算所用的点数是没有限制的。

(4)所计算的面积不能超过 200 000 m^2 或 2 000 000 ft^2。

(四)后方交会测量

后方交会测量就是通过对多个已知点的测量定出测站点的坐标,如图 4-2-23 所示。

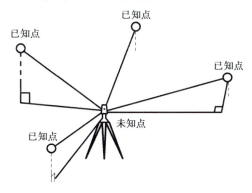

图 4-2-23　后方交会测量

1.后方交会测量的操作步骤

由于测量多个点和两个点操作步骤基本相同,现以测量两个已知点为例,其操作步骤如图 4-2-24 所示。

操作过程	操作键	显　示
①在测量模式第三页菜单下按【后方】进入后方交会测量功能,显示已知点坐标输入屏幕。 ●在菜单模式下选取"3.后方交会"也可以进入后方交会测量	【后方】	【输入测量已知点 1】 N<m>: E<m>: Z<m>: 查找　　记录　　测量

②输入已知点1的坐标,每输入一行数据按回车键,输入完成后,照准已知点1棱镜,按【测量】进行测量	【测量】	【后方交会】 S: 557.259 ZA: 97°31′05″ HAR: 351°15′06″ 停止
③测量完成后,显示测量结果,并要求输入已知点棱镜高。 ●连续测量模式需按【停止】停止测量	【终点】	S: 557.259 ZA: 97°31′05″ HAR: 351°15′06″ 棱镜高<m>: 0.000 取消　　　确定
④按【确定】,进入已知点2坐标输入及测量。 重复②、③完成已知2的输入及测量	【确定】	【输入测量已知点2】 N<m>: E<m>: Z<m>: 查找　记录　测量
⑤当输入并测量了两个已知点后,屏幕显示已知点列表。 ●按【▲】【▼】移动光标选取已知点; ●按【加点】增加已知点; ●按【重测】重新观测光标所指示的已知点; ●按【计算】计算交会点坐标; ●按【取舍】舍弃光标所指示的已知点,该已知点不参加计算,再按一次则可恢复选取		【后方交会】 01: PT-01 02: PT-02 加点　重测　取舍　计算
⑥按【计算】进行交会点坐标计算,并显示计算结果。 ●按【记录】将计算结果存储至内存中; ●按【确定】将交会点坐标置为测站坐标	【计算】	【交会点坐标】 N0: 100.003 m E0: 99.998 m Z0: 0.001 m 记录　　　确定
⑦按【确定】设置测站,并提示方位角定向。 照准已知点1,按【确定】设置坐标方位角,返回测量模式下; 如按【取消】,则不设置坐标方位角,直接返回测量模式下	【确定】	【后方交会/定向】 已知点1方位角: HAR:131°17′46″ 照准已知点1? 取消　　　确定

图 4-2-24　后方交会测量操作步骤

2.后方交会测量的注意事项

当测站点与已知点位于同一圆周上时,测站点的坐标在某些情况下是无法确定的。当已知点位于同一圆周上时,可采取如下措施:

（1）将测站点尽可能地设在由已知点构成的三角形的圆周上。

（2）增加一不位于圆周上的已知点。

（3）至少对其中一个已知点进行距离测量。

当已知点间的距离一定，测站点与已知点间的距离越远则所构成的夹角就越小，已知点就容易位于同一圆周上。若已知点间的夹角过小，将无法计算出测站点的坐标。

（五）偏心测量

所谓全站仪偏心测量，就是反射棱镜不是放置在待测点的铅垂线上，而是安置在与待测点相关的某处间接测定出待测点的位置。偏心测量是一种间接测量目标的方法，在实际测量中非常适用。南方 NTS-350 系列全站仪有 4 种偏心模式：角度偏心测量、距离偏心测量、平面偏心测量和圆柱偏心测量。

下面以圆柱偏心测量为例介绍这一测量方法。比如测量一个圆形的水塔、仓库或烟囱。这种测量模式的原理如图 4-2-25 所示，即待测点 P 为某一圆柱形物体的圆心，观测时，全站仪安置在某一已知点 A，并照准另一已知点 B 进行定向；然后，将反射棱镜设置在圆柱体的一侧 C 点，且使 AC 与圆柱体相切；当输入圆柱体的半径 R，并对偏心点 C 进行观测后，仪器就会自动计算并显示出待测点的坐标 (x_P, y_P) 或测站点至待测点的距离和方位角。

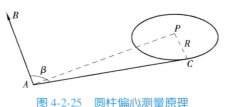

图 4-2-25　圆柱偏心测量原理

 ## 思考与练习

1.全站仪瞄准目标的方法有哪些步骤？

2.坐标测量需要经过哪几个步骤？

3.全站仪面积测量的注意事项有哪些？

4.南方 NTS-350 系列全站仪有哪 4 种偏心测量模式？

任务三 全站仪的实际应用

任务描述与分析

全站仪具有坐标测量和高程测量的功能,运用全站仪观测可直接得到观测点的坐标和高程。也可以利用全站仪通过距离和角度测量,进行内业计算得到观测点的坐标。

本任务的具体要求是:掌握全站仪闭合导线测量的外业观测和内业计算;通过全站仪测角、测距来推算待测点的坐标。

方法与步骤

1.测量前准备工作;
2.外业观测工作;
3.内业计算整理工作;
4.数据采集和内存管理。

知识与技能

(一)全站仪导线测量

全站仪在建筑工程测量中得到了广泛应用。因为全站仪具有坐标测量和高程测量的功能,所以全站仪在外业观测时,可直接得到观测点的坐标和高程。在成果处理时,可将坐标和高程作为观测值进行平差计算。也可以利用经纬仪和全站仪通过距离和角度测量,进行内业计算得到观测点的坐标。导线的布设形式有附合导线、闭合导线、支导线三种。

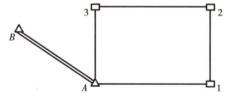

图 4-3-1 闭合导线示意图

1.外业观测工作

以图 4-3-1 所示闭合导线为例进行介绍,外业观测包括一个连接角和 4 个转折角(左角)测量(5 个角度均采用测回法一测回进行观测),以及 4 条导线边测量。把观测情况记录在"闭合导线测量观测记录表"中,见表 4-3-1。

2.闭合导线测量的内业计算

闭合导线的内业计算应满足角度闭合和坐标闭合两个条件,因此要消除闭合差并进行改正调整。内业计算应遵循国家标准《工程测量规范》(GB 50026—2007)的规定,三级导线测量主要技术要求见表 4-3-2。

表 4-3-1　闭合导线测量观测记录表

测　站	竖盘位置	目　标	水平度盘读数	半测回角值	一测回平均角值	备　注
			° ′ ″	° ′ ″	° ′ ″	
A	左	3	0　00　00	85　36　24	85　36　20	
		1	85　36　24			
	右	1	180　00　06	85　36　16		
		3	265　36　22			

边名	一测回平距读数/m			
	第一次	第二次	第三次	平均值
A—1	102.645	102.644	102.645	102.645

注:角度取位至 1″,距离取位至 1 mm。

表 4-3-2　导线测量技术要求

等　级	测回数	水平角上下半测回较差/(″)	距离一测回三次读数较差/mm	方位角闭合差/(″)	导线相对闭合差
三级	1	24	5	$24\sqrt{n}$	≤1/5 000

注:表中 n 为转折角的个数。

1)角度闭合差 f_β 的计算

闭合导线测量角度闭合差计算一般以左角(内角)为准,其计算公式是:

$$f_\beta = \sum \beta_测 - \sum \beta_理 = \sum \beta_测 - (N - 2) \times 180°$$

式中　N——测站总数。

2)容许角度闭合差 $f_{\rho容}$ 的计算

闭合导线测量容许角度闭合差根据测量精度要求不同,其计算也不一样,三级导线测量角度闭合差的容许值为:

$$f_{\beta容} = \pm 24\sqrt{n}（三级）$$

3)角度闭合差调整

调整的目的是将角度闭合差消除,在角度观测值上加入一定的改正数。

闭合差的分配原则:当 β 为左角时,反号平均分配;

当 β 为右角时,直接平均分配。

注:当改正数不能平均分配完时,应给短边的邻角多分一点。

4)各导线边坐标方位角的推算

按左角推算：$\alpha_{前}=\alpha_{后}+\beta_{左}-180°$　（$\alpha_{后}+\beta_{左}<180°$时，应加上 $360°$ 再减 $180°$）

按右角推算：$\alpha_{前}=\alpha_{后}+180°-\beta_{右}$　（$\alpha_{后}+180°<\beta_{右}$ 时，应加上 $360°$ 再减 $\beta_{右}$）

对于闭合导线，为了检查计算是否有误，应计算起始边的坐标方位角。由于内角改正后已经闭合，故起始边方位角的计算值等于该边的已知值。

5)各边坐标增量的计算

$$\Delta X=D\cos\alpha$$
$$\Delta Y=D\sin\alpha$$

6)坐标增量闭合差 f_x、f_y 的计算

由于闭合导线起、闭于同一点，按理坐标增量为零。但由于角度观测和边长丈量不可避免的观测值中含有误差，各边推算的坐标增量总和往往不等于零，该值就是闭合导线坐标增量闭合差。

$$f_x=\sum\Delta X_{测}$$
$$f_y=\sum\Delta Y_{测}$$

7)导线全长闭合差 f 的计算

$$f=\sqrt{f_x^2+f_y^2}$$

8)计算导线全长相对闭合差 k

$$k=\frac{f}{\sum D}=\frac{1}{\sum D/f}$$

式中　　$\sum D$—— 导线全长。

导线全长相对闭合差 k 值越小，表明精度越高。导线全长相对闭合差在容许的范围内，应对坐标增量进行改正，将坐标增量闭合差 f_x、f_y 消除。

9)坐标增量闭合差的调整

坐标增量闭合差的调整方法：将纵、横坐标增量闭合差以相反符号，按与边长成比例分配于各边的坐标增量中。

$$v_{xi}=-\frac{f_x}{\sum D}D_i$$
$$v_{yi}=-\frac{f_y}{\sum D}D_i$$

10)计算改正后的坐标增量

$$\Delta x_{i改}=\Delta x_i+v_{xi}$$
$$\Delta y_{i改}=\Delta y_i+v_{yi}$$

11)计算各导线点的坐标值

$$x_i=x_{i-1}+\Delta x_{i改}$$
$$y_i=y_{i-1}+\Delta y_{i改}$$

依次计算各导线点坐标，最后推算出终点 A 的坐标，应和 A 点已知坐标相同。整个过程计算如表 4-3-3 所示。

表 4-3-3　闭合导线测量成果计算表

点号	观测角	角度改正值	改正后的角度值	坐标方位角	距离/m	坐标增量 ΔX 计算值/m	坐标增量 ΔX 改正值/mm	坐标增量 ΔX 改正后的值/m	坐标增量 ΔY 计算值/m	坐标增量 ΔY 改正值/mm	坐标增量 ΔY 改正后的值/m	横坐标 X/m	纵坐标 Y/m
B				219°45'38"									
A			90°47'10"	130°32'48"	55.922	-36.353	0	-36.353	42.494	1	42.495	396.425	178.374
1	88°04'56"	-4"	88°04'52"	38°37'40"	85.178	66.542	-1	66.541	53.173	1	53.174	360.072	220.869
2	92°04'22"	-4"	92°04'18"	310°41'58"	48.380	31.548	0	31.548	-36.679	0	-36.679	426.613	274.043
3	92°59'58"	-4"	92°59'54"	223°41'52"	85.388	-61.735	-1	-61.736	-58.991	1	-58.990	458.161	237.364
A	86°51'00"	-4"	86°50'56"	130°32'48"								396.425	178.374
1													
∑	360°00'16"	-16"	360°00'00"		274.868	0.002	-2	0	-0.003	3	0		

辅助计算

$f_\beta = \sum\beta_测 - 360° = +16"$　　$f_x = \sum\Delta X = +0.002\ \text{m}$　　$f_y = \sum\Delta Y = -0.003\ \text{m}$

$f_{\beta允} = \pm 24\sqrt{n} = \pm 48"$　　$f = \sqrt{f_x^2 + f_y^2} = 0.004\ \text{m}$

$k = \dfrac{f}{\sum D} \approx \dfrac{1}{68\,717}$　　$k_允 = \dfrac{1}{5\,000}$

注：角度及改正数的计算取位至 1"，距离、坐标及相关改正数的计算取位至 1 mm。

(二)数据采集

全站仪最大的特点就是具有大容量的内存,可以将外业测量的数据完整地记录下来,并且可以通过输入编码对测量点进行标识,通过数据传输接口将内存数据传输到电脑进行作图和其他处理。

1.数据采集的具体步骤

(1)设置采集参数;

(2)选择数据采集文件,使其所采集的数据存储在该文件中;

(3)选择坐标数据文件,用来调用和设置测站点及后视点;

(4)置测站点;

(5)置后视点;

(6)置待测点的棱镜高,开始采集。

2.设置采集参数

仪器可以进行如表 4-3-4 所示采集参数的设置。仪器默认设置如下:

测距模式:精测;

测距次数:重复测距;

存储设置:同时存入测量和坐标数据。

表 4-3-4　设置采集参数

菜　单	选择项目	内　容
F1:测距模式	精测/粗测	选择测距模式:精测/粗测
F2:测距次数	N 次/重复	选择测距次数:N 次/重复
F3:存储设置	是/否	进行数据测量时,测量数据是否自动计算坐标并存入坐标文件

3.数据采集文件的选择

做数据采集测量之前,必须选定一个数据采集文件,在启动数据采集模式之前即可出现文件选择显示屏,由此可以选定一个采集文件,其操作过程如图 4-3-2 所示。

操作过程	操　作	显　示
		菜单　　　　　　　　　1/3 F1:　数据采集 F2:　放样 F3:　存储管理　　　　P↓
①由主菜单 1/3 按 F1 (数据采集)键	F1	选择文件 FN: 输入　调用　---　　　回车

		SOUDATA　　　　　　　　/M0123 -> * LIFDATA　　　　　　　/M0234 DIEDATA　　　　　　　　/M0355 ---　查找　---　　　　　回车
②按 F2 (调用)键,显示文件目录 * 1)	F2	SOUDATA　　　　　　　　/M0123 -> * LIFDATA　　　　　　　/M0234 DIEDATA　　　　　　　　/M0355 ---　查找　---　　　　　回车
③按[▲]或[▼]键使文件表向上下滚动,选定一个文件 * 2), * 3)	[▲]或[▼]	LIFDATA　　　　　　　　/M0234 DIEDATA　　　　　　　　/M0355 ->KLSDATA　　　　　　　/M0038 ---　查找　---　　　　　回车
④按 F4 (回车)键,文件即被确认显示数据采集菜单1/2	F4	数据采集　　　　　　　　1/2 F1:输入测站点 F2:输入后视点 F3:测量　　　　　　　　P↓

* 1)如果您要创建一个新文件,并直接输入文件名,可按 F1 (输入)键,然后键入文件名;

* 2)如果菜单文件已被选定,则在该文件名的左边显示一个符号"*";

* 3)按 F2 (查找)键可查看箭头所标定的文件数据内容。

选择文件也可由数据采集菜单2/2按上述同样方法进行

图 4-3-2　数据采集测量操作步骤

4.坐标文件的选择

如果在数据采集时要调用坐标数据文件的坐标作为测站点或后视点坐标用,则应预先由数据采集菜单2/2选择一个坐标文件。选择坐标文件操作步骤如图4-3-3所示。

操作过程	操 作	显 示
①由数据采集菜单2/2按 F1 (选择文件)键	F1	数据采集　　　　　　　2/2 F1: 选择文件 F2: 编码输入 F3: 设置　　　　　　　P↓
②按 F2 (坐标文件)键	F2	选择文件 F1: 测量文件 F2: 坐标文件
③按7.1.1"数据采集文件的选择"介绍的方法选择一个坐标文件		选择文件 FN:_____ 输入　调用　---回车

图 4-3-3　选择坐标文件操作步骤

5.设置测站点和后视点

测站点与后视点在数据采集模式和正常坐标测量模式下是相互通用的,操作也大致相同,可以在数据采集模式下输入或改变测站点和后视点数值。

测站点坐标可以按以下两种方式设定:

建筑工程测量

（1）利用内存中的坐标数据来设定；

（2）由键盘直接输入。

后视点定向有以下三种设置方法：

（1）利用内存中的坐标数据来设定；

（2）直接键入后视点坐标；

（3）直接键入设置的定向角。

6.进行待测点的测量并记录数据

在以上步骤完成后，即可进行数据采集工作，操作步骤如图4-3-4所示。

操作过程	操　作	显　　示
①由数据采集菜单1/2，按 F3 （测量）键，进入待测点测量	F3	数据采集　　　　　　　　1/2 F1：　测站点输入 F2：　输入后视 F3：　测量　　　　　　　　P↓ 点号-> 编码： 镜高：　　　0.000 m 输入　查找　测量　同前
②按 F1 （输入）键，输入点号后＊1）按 F4 键确认	F1 输入点号 F4	点号　　　　　　　　　=PT-01 编码： 镜高：　　　0.000 m 回退　空格　数字　回车 点号　　　　　　　　　=PT-01 编码-> 镜高：　　　0.000 m 输入　查找　测量　同前
③按同样方法输入编码、棱镜高＊2)	F1 输入编码 F4 F1 输入镜高 F4	点号：　　　　　　　　PT-01 编码　->　SOUTH 镜高：　　1.200　m 输入　查找　测量　同前 角度　＊斜距　坐标　偏心
④按 F3 （测量）键	F3	
⑤照准目标点	照准	
⑥按 F1 到 F3 中的一个键＊3) 例：F2 （斜距）键 　开始测量 　数据被存储，显示屏变换到下一个镜点	F2	V：　　　90°00′00″ HR：　　0°00′00″ SD ＊[n]　　　<<< 　m >测量… 　　<完成>

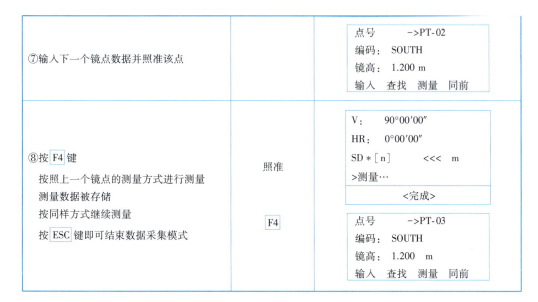

⑦输入下一个镜点数据并照准该点		点号　　　->PT-02 编码：　SOUTH 镜高：　1.200 m 输入　查找　测量　同前
⑧按 F4 键 　按照上一个镜点的测量方式进行测量 　测量数据被存储 　按同样方式继续测量 　按 ESC 键即可结束数据采集模式	照准 F4	V:　　　90°00′00″ HR:　　0°00′00″ SD＊[n]　　<<< 　m >测量… <完成> 点号　　　->PT-03 编码：　SOUTH 镜高：　1.200　m 输入　查找　测量　同前

图 4-3-4　待测点测量操作步骤

 拓展与提高

内存管理与数据通信

NTS-350 系列全站仪拥有一个高达 2 M 的存储器,最多能容纳 8 000 点的测量数据,因此必须要有一个文件管理系统来对全站仪的数据文件进行管理。全站仪的内存管理包括以下几个部分:

(1)文件状态查询:检查存储数据的个数和剩余记录空间;

(2)查找:查看记录数据;

(3)文件维护:删除文件/编辑文件名;

(4)输入坐标:将坐标数据输入并存入坐标数据文件;

(5)删除坐标:删除坐标文件中的坐标数据;

(6)输入编码:将编码数据输入并存入编码库文件;

(7)数据传送:与电脑进行数据交换;

(8)初始化内存。

(一)文件管理

内存管理主要是对文件的管理,包括更改文件名、查找文件中的数据、删除文件、输入坐标。NTS-350 系列全站仪有两种文件类型:测量文件,文件名以 M 字母开头;坐标文件,文件名以 C 字母开头。

存储管理文件通过按 MENU 键进入仪器菜单模式,再进入存储管理菜单即可。

(二)数据通信

利用数据通信线可以把全站仪内存中的数据文件传输到计算机或其他设备,也可以将其他设备中的数据文件发送到全站仪中供测量或放样调用。在进行数据传输之前,应确保计算机和全站仪通信电缆正确连接、计算机与全站仪的通信参数正确设置。

全站仪的通信参数主要包括:波特率、数据位、停止位、效验位、应答方式。

NTS-350 系列全站仪有三种波特率:1 200、2 400 和 4 800。

数据位是 8 位或 7 位。

停止位是 1 或 2。

校验位:奇、偶和无。

应答方式:单一或双向。

当所有设置均正确后,即可启动数据传输软件或采用串口通信软件来进行收发数据。

图 4-3-5 所示以发送测量数据文件为例演示其操作过程。发送数据(可以发送测量数据文件、坐标数据文件或编码数据文件)是将全站仪内存中的数据文件发送到计算机。

操作过程	操 作	显 示
①由主菜单 1/3 按 F3 键,再按 F4 键进入存储管理 3/3	F3 F4	存储管理　　　　　　 3/3 F1: 数据传输 F2: 初始化 　　　　　　　　　 P↓
②按 F1 键	F1	输入传输 F1: 发送数据 F2: 接收数据 F3: 通信参数
③按 F1 键	F1	发送数据 F1: 测量数据 F2: 坐标数据 F3: 编码数据
④选择发送数据类型,可按 F1 ～ F3 键中的一个,如 F1 键	F1	选择文件 FN: 输入　调用　---　回车
⑤按 F1 键,输入待发送的文件名	F1	发送测量数据 >OK? ---　---　[是][否]
⑥按 F3 键发送数据	F3	发送测量数据 <发送数据!＞ 　　　　　　　　　停止

图 4-3-5　发送测量数据文件操作过程

接收数据(可以接收坐标数据文件和编码数据文件)是全站仪接收从计算机发送过来的数据文件,其操作过程与发送数据大致相同。

思考与练习

1.导线的布设形式有哪三种?

2.后视点定向有哪三种设置方法?

3.在一次闭合导线测量中,其导线全长闭合差为 0.025 m,全长距离为 296.02 m,导线相对差为 1/5 000,问是否满足精度要求?

 考核与鉴定四

(一)单项选择题

1.全站仪是一种集光、机、电为一体的高技术测量仪器,是集水平角、垂直角、距离(斜距、平距)、(　　)测量功能于一体的测绘仪器系统。

A.高程　　　　　　　　B.绝对高程　　　　　　　C.相对高程　　　　　　　D.高差

2.全站仪标准测量模式有三种,即(　　)测量模式、距离测量模式和坐标测量模式。

A.水平角　　　　　　　B.竖直角　　　　　　　　C.角度　　　　　　　　　D.高差

3.对于无法安置棱镜的物体高度测量,可采用(　　)。

A.后方交汇　　　　　　B.悬高测量　　　　　　　C.对边测量　　　　　　　D.距离测量

4.南方全站仪 NTS-350 系列全站仪若仅存放样坐标数据,可存储(　　)点以上。

A.10 000　　　　　　　B.5 000　　　　　　　　　C.3 440　　　　　　　　　D.1 000

5.坐标增量是相邻两点之间的坐标(　　)。

A.积　　　　　　　　　B.差　　　　　　　　　　C.和　　　　　　　　　　D.除

6.图根闭合导线的坐标计算中,坐标增量闭合差的调整原则是将 f_x、f_y 以相同的符号并按与(　　)成正比的原则分配到相应边的纵横坐标增量中去。

A.水平距离　　　　　　B.倾斜距离　　　　　　　C.角度　　　　　　　　　D.高差

7.对于闭合导线,各边 X 坐标增量总和与 Y 坐标增量总和理论值应(　　)。

A.等于零　　　　　　　B.不等于零　　　　　　　C.无法计算　　　　　　　D.大于零

8.导线转折角的测量一般采用(　　)观测。

A.测回法　　　　　　　B.复测法　　　　　　　　C.方向观测法

9.闭合导线测量起止于(　　)的封闭导线。

A.一个已知点　　　　　B.两个已知点　　　　　　C.三个已知点　　　　　　D.四个已知点

10.全站仪是由电子测距仪、电子经纬仪和(　　)三部分组成。

A.微机处理装置　　　　　B.电子记录装置　　　　　C.电子补偿

11.从结构上分,全站仪可分为组合式和(　　　)两种。

A.组合式　　　　　　　　B.整体式　　　　　　　　C.电子补偿

12.在闭合导线角度的计算中,闭合五边形内角的理论值为(　　　)。

A.180°　　　　　　B.270°　　　　　　C.360°　　　　　　D.540°

13.全站仪默认设置测距次数为(　　　)。

A.单次测距　　　　　　　B.重复测距　　　　　　　C.间隔测距

14.NTS-350系列全站仪有两种文件类型:测量文件,文件名以(　　　)字母开头;坐标文件,文件名以(　　　)字母开头。

A.A　　　　　　　B.B　　　　　　　C.C　　　　　　　D.D

E.E　　　　　　　F.M

15.NTS-350系列全站仪拥有一个高达2 M存储器,最多能容纳(　　　)点的测量数据。

A.5 000　　　　　　B.8 000　　　　　　C.10 000　　　　　　D.12 000

16.NTS-350系列全站仪在按开机(POWER)键开机后,需要分别将仪器望远镜和照准部转动(　　　)。

A.180°　　　　　　B.270°　　　　　　C.360°　　　　　　D.540°

17.全站仪用测量数据计算面积,所计算的面积不能超过(　　　)m^2。

A.100 000　　　　　　B.200 000　　　　　　C.300 000　　　　　　D.400 000

18.用全站仪测量一个圆形的水塔、仓库或烟囱的中心坐标,用(　　　)方法测量。

A.角度偏心测量　　　B.距离偏心测量　　　C.平面偏心测量　　　D.圆柱偏心测量

19.为了得到不能放置棱镜的目标点高度,如架设的高压线,利用全站仪可采用(　　　)测量。

A.角度汇交　　　　　B.距离汇交　　　　　C.后方汇交　　　　　D.悬高

20.在闭合导线角度的计算中,闭合四边形内角的理论值为(　　　)。

A.180°　　　　　　B.270°　　　　　　C.360°　　　　　　D.540°

21.后视点定向有(　　　)种设置方法。

A.一　　　　　　　B.二　　　　　　　C.三　　　　　　　D.四

22.NTS-350系列全站仪有(　　　)种设置仪器参数的方法。

A.一　　　　　　　B.二　　　　　　　C.三　　　　　　　D.四

23.坐标测量是通过直接测量出的水平角和(　　　),仪器经过程序计算,将结果显示为坐标形式。

A.平距　　　　　　B.斜距　　　　　　C.竖直角　　　　　　D.高差

24.全站仪放样有两种方式:极坐标放样和(　　　)。

A.距离放样　　　　　B.定点放样　　　　　C.坐标放样　　　　　D.高差放样

25.对边测量功能是测量两个目标棱镜之间的水平距离、斜距、高差和(　　　)。

A.水平角　　　　　B.天顶距　　　　　C.竖直角　　　　　D.高程

(二)多项选择题

1.全站仪的电子记录装置是由(　　　)和输出部分组成。

A.处理器　　　　　　　B.储存器　　　　　　　C.微处理器　　　　　　D.输入

2.利用全站仪在测站上可以同时测角,测角包括(　　　　　)。

A.水平角　　　　　　　B.天顶距　　　　　　　C.竖直角　　　　　　　D.其他

3.整体式全站仪是在一个仪器内装配(　　　　)三部分。

A.测距　　　　　　　　B.测角　　　　　　　　C.微处理器　　　　　　D.电子记录

4.关于全站仪注意事项的说法,正确的有(　　　　　)。

A.全站仪尽量安置在振动影响较小的地方,安置高度要适宜

B.全站仪的三脚架腿不要触碰到墙体、钢架、钢筋等能传递振动的物体

C.测量过程中除操作人员外,其余人员不要靠近全站仪,不要在全站仪附近走动、喧哗、打闹

D.全站仪在测数时严禁触碰,在进行气泡检校时严禁触碰

5.在做距离测量之前通常需要确认(　　　　　)。

A.温度改正的设置　　　B.大气改正的设置　　　C.棱镜常数的设置　　　D.仪高的设置

6.NTS-350系列全站仪有三种波特率,分别是(　　　　　)。

A.1 200　　　　　　　　B.2 400　　　　　　　　C.4 800　　　　　　　　D.6 400

7.导线的布设形式有(　　　　)三种。

A.附合导线　　　　　　B.闭合导线　　　　　　C.支导线　　　　　　　D.其他

8.全站仪的最基本的测量模式有(　　　　)两种。

A.角度测量　　　　　　B.坐标测量　　　　　　C.距离测量　　　　　　D.偏心测量

9.全站仪最原始的测量数据是(　　　　)。

A.HR(水平角)　　　　B.VR(竖直角)　　　　C.SD(倾斜距离)　　　D.D(距离)

10.关于全站仪瞄准目标的方法,说法正确的是(　　　　　)。

A.将望远镜对准明亮天空,旋转目镜筒,调焦看清十字丝

B.利用粗瞄准器内的三角形标志的顶尖瞄准目标点,照准时眼睛与瞄准器之间应保留一定距离

C.利用望远镜调焦螺旋使目标成像清晰

D.以上说法都不对

11.水平角有(　　　　)两种设置方法。

A.锁定角度值　　　　　B.键盘输入　　　　　　C.自动设置　　　　　　D.其他

(三)判断题

1.支导线是由一已知点和已知方向出发,既不附合到另一已知点,又不回到原起始点的导线。　　　　　　　　　　　　　　　　　　　　　　　　　　　　　　　(　　)

2.导线转折角的测量一般采用测回法观测。　　　　　　　　　　　　　　　(　　)

3.坐标增量是相邻两点之间的坐标之和。　　　　　　　　　　　　　　　　(　　)

4.改正后的坐标增量是把各边坐标增量计算值加相应的改正数。　　　　　　(　　)

5.在闭合导线角度的计算中,闭合多边形内角的理论值为$(n-2)×180°$,但由于测角有误差,实测内角总和与理论值不符,两者之差称为角度闭合差。　　　　　　　　(　　)

6.导线测量就是依次测定各导线边长和转折角,根据起始数据,求出各导线点的坐标。

(   )

7.闭合导线是起止于同一已知点的封闭导线。   (   )

8.全站仪用测量数据计算面积,所计算的面积不能超过 300 000 m^2。   (   )

9.在测量中,为了得到不能放置棱镜的目标点高度,只需将棱镜架设在目标点所在铅垂线上的任一点,然后进行悬高测量。   (   )

10.闭合差的分配原则:当 β 为左角时,直接平均分配;当 β 为右角时,反号平均分配。

(   )

11.由于全站仪的望远镜视准轴与测距发射接收光轴是同轴的,故反光镜中心与觇牌中心应一致。   (   )

12.距离测量是测定两点间的距离,并可进行斜距、平距、高差的自动转换;进行距离放样。

(   )

13.坐标测量是测定点的坐标,根据点的坐标进行坐标放样。   (   )

14.角度测量和距离测量是全站仪的最基本的测量模式。   (   )

15.极坐标法是测距测角的逆过程,需要通过其他计算工具计算出待放样点的转角(方位角)和边长。   (   )

16.后方交汇测量将测站点尽可能地设在由已知点构成的三角形的圆周上。   (   )

17.全站仪是由电子测距仪、电子经纬仪和电子记录装置三部分组成。   (   )

18.南方 NTS-350 系列全站仪由电子经纬仪和电子测距仪两部分组成。   (   )

19.闭合导线起、闭于同一点,按理坐标增量为零。   (   )

20.混合坐标文件数据和测量数据来计算面积是不可能的。   (   )

21.当测站点与已知点位于同一圆周上时,测站点的坐标在某些情况下是可以确定的。

(   )

22.全站仪偏心测量,就是反射棱镜不是放置在待测点的铅垂线上,而是安置在与待测点相关的某处间接地测定出待测点的位置。   (   )

23.面积计算所用的点数是没有限制的。   (   )

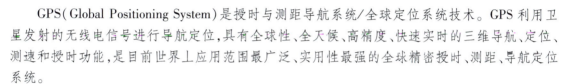

模块五　GPS 测量技术

GPS(Global Positioning System)是授时与测距导航系统/全球定位系统技术。GPS 利用卫星发射的无线电信号进行导航定位,具有全球性、全天候、高精度、快速实时的三维导航、定位、测速和授时功能,是目前世界上应用范围最广泛、实用性最强的全球精密授时、测距、导航定位系统。

本模块主要学习 GPS 测量技术,主要有三个任务,即掌握 GPS 测量的基本知识,掌握 GPS 测量的基本方法,以及 GPS 测量的实际应用。

 ## 学习目标

(一)知识目标

1.认识 GPS 接收机的特点;
2.掌握 GPS 接收机的各个部件的功能;
3.掌握 GPS 接收机各个部件之间的连接方法;
4.熟悉 GPS 的操作页面;
5.熟悉操作手簿的使用。

(二)技能目标

1.能知道 GPS 接收机的构成并能熟练地连接 GPS 的各个部件;
2.能运用 GPS 的操作功能。

(三)职业素养目标

1.树立严谨、认真的工作态度;
2.养成细心、耐心的工作作风;
3.养成爱护精密仪器及规范操作的工作习惯。

任务一 掌握 GPS 测量基本知识

任务描述与分析

　　GPS 系统包括三大部分:空间部分——GPS 卫星星座;地面控制部分——地面监控系统;用户设备部分——GPS 信号接收机。

　　本任务的具体要求是:认识 GPS,理解 GPS 的定位原理。

方法与步骤

1.认识 GPS;
2.理解 GPS 的定位原理。

知识与技能

　　GPS 定位技术分为单点定位和相对定位(差分定位)。单点定位是根据一台接收机的观测数据来确定接收机的方式,一般用于车船等的概略导航定位;相对定位是根据两台以上接收机的观测数据来确定观测点之间的相对位置的方法,它既可采用伪距观测量,也可采用相位观测量。大地测量或工程测量均采用相位观测值进行相对定位。根据定位方式,又分为静态定位和动态定位。

　　常规的 GPS 测量方法,静态、快速静态、动态测量都需要事后进行解算才能获得厘米级的精度,而 RTK 是能够在野外实时得到厘米级定位精度的测量方法,能实时地提供测站点在指定坐标系中的三维定位结果,是 GPS 应用的重大里程碑。

　　本书以 S86 2013 型 GPS(图 5-1-1)为例,介绍 GPS 测量基本知识。

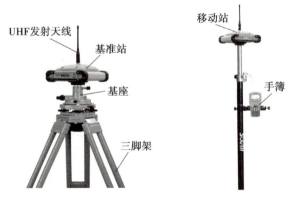

图 5-1-1　S86 2013 型 GPS

（一）S86 2013 型 GPS 接收机

GPS接收机

1.配件组件

（1）检查箱内物品——移动站标配，如图 5-1-2 所示。

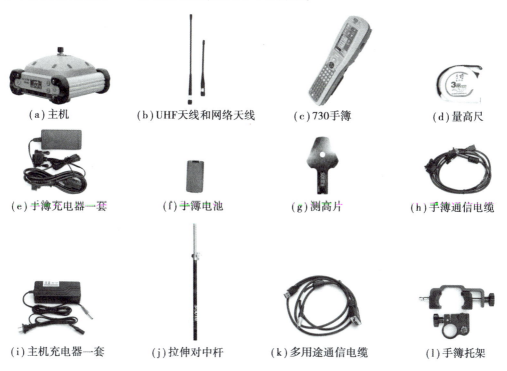

（a）主机　　　（b）UHF天线和网络天线　　　（c）730手簿　　　（d）量高尺

（e）手簿充电器一套　　　（f）手簿电池　　　（g）测高片　　　（h）手簿通信电缆

（i）主机充电器一套　　　（j）拉伸对中杆　　　（k）多用途通信电缆　　　（l）手簿托架

图 5-1-2　移动站标配

（2）检查箱内物品——基准站标配，如图 5-1-3 所示。

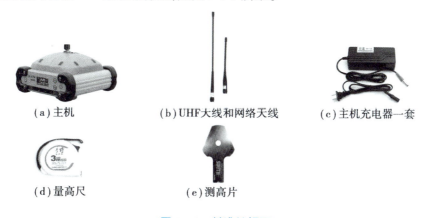

（a）主机　　　（b）UHF大线和网络天线　　　（c）主机充电器一套

（d）量高尺　　　（e）测高片

图 5-1-3　基准站标配

2.充电设备

S86 2013 型 GPS 接收机的电池内嵌于主机两侧，采用双锂电池的组合，供电更持久、安全,电池充电饱和后,对于基准站可保障内置电台连续发射 10 个小时。

　　S86 2013 型充电器如图 5-1-4 所示,充电时,主机开关机都没有任何影响,建议关机充电。

1—220 V交流电插头;
2,3—充电时将其相连;
4—两针插头,充电时插入S86 2013型主机两针
　　充电口,且插头和接口处的红点应相对插入;
5—充电指示灯,"CH1""CH2"灯亮红灯表示
　　正在充电,当电池被充满后(或充电器没有连接
　　主机),指示灯变绿

图 5-1-4　S86 2013 型充电器

3.GPS 接收机的接口

1)正面接口

正面接口如图 5-1-5 所示。

2)背面接口

背面接口如图 5-1-6 所示。

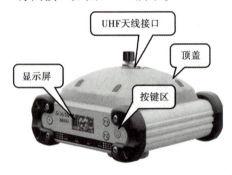

图 5-1-5　主机正面

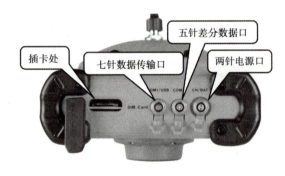

图 5-1-6　主机背面

3)底部接口

底部接口如图 5-1-7 所示。

4)各接口的作用

　　(1)UHF 接口:安装 UHF 电台天线。

　　(2)两针电源口:CH/BAT 为主机电池充电接口。

　　(3)五针差分数据口:COM2 为电台接口,用来连接基准站外置发射电台。

　　(4)七针数据传输口:COM1/USB 为数据接口,用来连接计算机传输数据,或者用手簿连接主机时使用。

　　(5)插卡处:在使用 GSM/CDMA/3G 等网络时,安放手机卡。

图 5-1-7　主机底部

　　(6)连接螺孔:用于固定主机于基座或对中杆。

　　(7)主机机号:用于申请注册码、手簿蓝牙识别主机和对应连接。

（二）S86 2013 型 GPS 主机操作

1.按键和指示灯

指示灯位于液晶屏的两侧,左侧的 TX 灯、RX 灯分别为发信号指示灯和收信号指示灯,BT 灯、DATA 灯分别为蓝牙灯和数据传输灯。按键从左到右依次为重置键、两个功能键和开关机键。它们的信息如表 5-1-1 所示。

表 5-1-1　按键和指示灯的功能、作用或状态

项　目	功　能	作用或状态
① 开机键	开关机,确定,修改	开机,关机,确定修改项目,选择修改内容
F1 或 F2 键	翻页,返回	一般为选择修改项目,返回上级接口
重置键	强制关机	特殊情况下关机,不会影响已采集数据
DATA 灯	数据传输灯	按采集间隔或发射间隔闪烁
BT 灯	蓝牙灯	蓝牙接通时 BT 灯长亮
RX 灯	收信号指示灯	按发射间隔闪烁
TX 灯	发信号指示灯	按发射间隔闪烁

各种模式下指示灯状态说明:

1)静态模式

DATA 灯按设置的采样间隔闪烁。

2)基准站模式(电台)

TX、DATA 灯同时按发射间隔闪烁。

3)移动站模式(电台)

(1)RX 灯按发射间隔闪烁;

(2)DATA 灯在收到差分数据后按发射间隔闪烁;

(3)BT(蓝牙)灯在蓝牙接通时长亮。

4)GPRS 模块工作模式

(1)正常通信时 TX、RX 灯交替显示。

(2)DATA 灯在收到差分数据后按发射间隔闪烁。

(3)TX 灯常亮时为有错误,错误类型按 RX 灯的闪烁方式判断:

● RX 灯快闪,卡无 GPRS 功能,或欠费停机,或 APN 错误,或用户名密码注册被网络拒绝;

● RX 灯闪 1 次,无基站或移动站与其相连,VRS_NTRIP 时为错误注册码或等待验证,此时网络是通的;

● RX 灯闪 2 次,连接被服务器断开;

● RX 灯闪 3 次,无天线或信号太差,等网络信号;

● RX 灯闪 4 次,TCP 连接超时,可能 IP 或端口不正确;

● RX 灯闪 5 次,无知的错误;

• TX、RX 灯同时点亮为 CLOSE 状态。

2.主机操作

1）初始界面

打开 S86 2013 电源后进入程序初始接口,初始接口如图 5-1-8 所示。

初始接口有两种模式选择:设置模式、采集模式。初始接口下按 F2 键进入设置模式,不选择则进入自动采集模式。

2）设置模式

进入设置模式主接口,按 F1 或 F2 键选择项目,选好后按 ① 键确定,如图 5-1-9 所示。

图 5-1-8　初始接口

图 5-1-9　设置工作模式

主接口设置分两部分:

（1）设置工作模式

按 ① 键确定进入设置工作模式。

按 F1 或 F2 键可选择静态模式、基准站工作模式、移动站工作模式以及返回设置模式主菜单。

注:基准站只有静态模式和基准站工作模式两个菜单。

①静态模式参数设置。

按 ① 键确定进入静态模式设置（图 5-1-10）,选择自动采集数据,如图 5-1-11 所示。

图 5-1-10　静态模式参数设置（一）

图 5-1-11　静态模式参数设置（二）

按 ① 键确定,进入如图 5-1-12 所示界面。

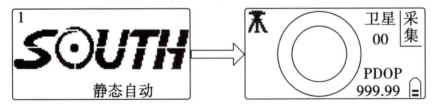

图 5-1-12　静态模式参数设置（三）

按 ① 键可进入静态模式采集参数的设置,如图 5-1-13 所示。

按 ① 键确定完成参数设置,达到采集条件即开始自动采集。

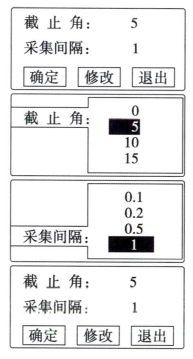

图 5-1-13　静态模式采集参数设置

特别注意:同时工作的几台 S86 2013 主机高度截止角、采集间隔最好保证一致,即同样的设置值。

②基准站模式参数设置。

同静态模式,开机初始接口下按 <kbd>F2</kbd> 键进入设置模式,可选择基准站模式设置,如图 5-1-14 所示。

选择基准站模式设置、自动采集,进入图 5-1-15。

图 5-1-14　基准站模式设置(一)

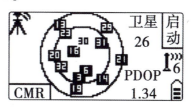

图 5-1-15　基准站模式设置(二)

按①键可进入参数设置界面。

a.按①键设置数据链,如图 5-1-16 所示。

图 5-1-16　基准站模式设置(三)

图 5-1-17　基准站模式设置(四)

b.内置电台设置,如图 5-1-17 所示。选择修改可以设置通道与电台功率,如图 5-1-18 所示。

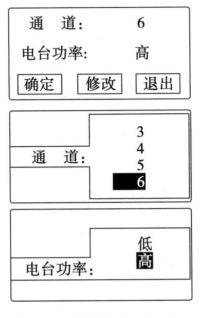

图 5-1-18　基准站模式设置(五)

c.设置 GPRS 网络、双发射、外接模块,分别如图 5-1-19 至图 5-1-21 所示。

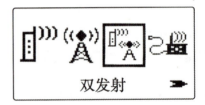

图 5-1-19　基准站模式设置(六)　　图 5-1-20　基准站模式设置(七)

特别注意:当选用外接电台时用外接模块选项。

设置完参数后选择确定,返回基准站模式设置,选择开始,则进入模块设置界面,如图 5-1-22所示。

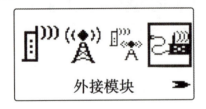

图 5-1-21　基准站模式设置(八)　　图 5-1-22　基准站模式设置(九)

选择确定,即进入基准站模式设置界面,如图 5-1-23 所示。

选择修改按⑪键可以修改差分格式、记录数据、截止角等,如图 5-1-24 所示。

设置完成后点击确定,完成设置。

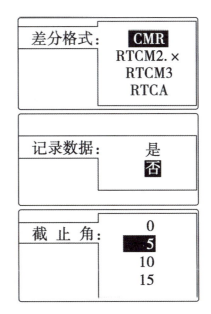

差分格式：　CMR
记录数据：　　否
截　止　角：　　5
| 确定 | 修改 | 退出 |

图 5-1-23　基准站模式设置(十)　　图 5-1-24　基准站模式参数设置

③移动站模式参数设置。

移动站模式参数设置和基准站模式设置方法相同,对应基准站相应参数进行设置即可。

(2)系统配置信息

按 F1 或 F2 键选择系统配置信息,再按 ⊕ 键进入系统配置信息,如图 5-1-25 所示。

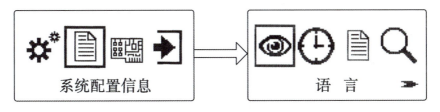

图 5-1-25　移动站模式设置(一)

①进入语言接口可对语言进行设置,如图 5-1-26 所示。参数设置完成后返回上级菜单。

②进入时区设置接口进行设置,如图 5-1-27 所示。

图 5-1-26　移动站模式设置(二)　　图 5-1-27　移动站模式设置(三)

③进入系统信息接口可以显示主机编号、主机程序版本、注册码有效期以及剩余内存空间,如图 5-1-28 所示。

④进入系统检测接口,可以进行液晶显示测试、LED 和蜂鸣器测试、电源测试,如图 5-1-29 所示。

编号：	S86234120060542
版本：	86.1.0.20130410
有效期：	2013-04-18
数据空间：	3,707 MB

图 5-1-28　移动站模式设置(四)

OEM板测试：	完成
电台模块测试：	完成
网络模块测试：	完成
蓝牙模块测试：	完成

图 5-1-29　移动站模式设置(五)

(三) S730 手簿

S730 是工业级三防手簿,拥有全字母全数字键盘,并配备高分辨率 3.5 英寸液晶触摸屏,带来完美的操作体验。该手簿采用微软 Windows CE6.0 操作系统,主频高达 624 MHz,扩展性能更强,配合专业级的行业测量软件,为 RTK 测量工作提供强有力的支持。

S730 数据采集手簿是一款在商业和轻工业方面用于实时数据计算的掌上电脑,以 Windows CE6.0 为操作系统,在数据通信中使用很广。

1.外部特征

S730 手簿如图 5-1-30 所示。

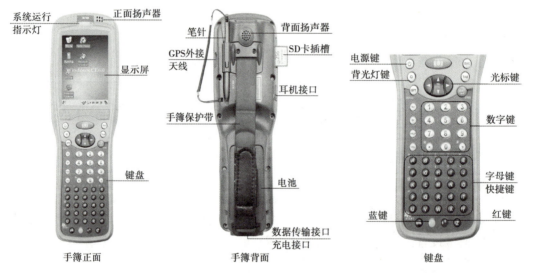

图 5-1-30　S730 手簿

2.键盘及功能

如触摸屏出现问题或是反应不灵敏,可以用键盘来实现,按键及功能见表 5-1-2。不支持同时按两个或多个键,每次只能按一个键。

表 5-1-2　按键及功能

功　能	按　键
开机/关机	电源键
打开键盘背光灯	背光灯键

续表

功　　能	按　　键
移动光标	光标键
同 PC 上 Shift 键功能	〈SFT〉
同 PC 上 Insert 键功能	〈INS〉
输入空格	〈SP〉空格键
输入数字或字母时,光标向左删除一位	〈BKSP〉
同 PC 上 Delete 键功能	〈DEL〉
同 PC 上 Ctrl 键功能	〈CTRL〉
打开文件夹或文件,确认输入字符完毕	〈ENTER〉
光标右移或下移一个字段	〈TAB〉
关闭或退出(不保存)	〈ESC〉
辅助启用字符输入功能	蓝键
辅助启用功能键	红键
切换输入法状态	〈CTRL+SP〉
禁用或启用屏幕键盘	〈CTRL+ESC〉

S730 配备了字母和数字的 55 键式标准键盘,其中红键和蓝键为辅助功能键。

1)功能键

手簿键盘中的〈SFT〉、〈CTRL〉、〈DEL〉、红色和蓝色键为辅助功能键,所有的功能键均为一次性使用键。

手簿上〈SHIFT〉、〈CTRL〉和〈INS〉键的功能与台式电脑键盘上的功能相同,只是手簿上不能同时按下两个键。使用功能键时必须先按下该键,再选取你要实现的键,而且所有的功能键均为一次性使用键。

2)按键

(1)〈SHIFT〉键:〈SHIFT〉键是为显示手簿键盘中字母键左上角的希腊字母和数字键上方的符号所设立的。连续按下〈SHIFT〉键两次,该功能键将被激活,这时再按下字母键时就会显示该字母对应的希腊字母,按下数字键就会显示数字键上方的符号。

(2)光标键:光标键位于键盘的上方,屏幕的下方并紧挨屏幕,光标键可以上下左右移动光标。

(3)〈BKSP/DEL〉键:〈BKSP〉键可以删除左边的一个字符,使光标向左移动。〈DEL〉键(就是先按光标键再按〈BKSP〉键)可以删除右边的字符。选中要删除的文件夹,按〈DEL〉键可删除。

(4)〈CTRL〉键:为功能键,它的功能依赖于下一个按键。

（5）〈TAB〉键：为切换键，可以使光标移动到右边的下一项。

（6）〈ESC〉键：一般地，这个键是用来关闭正在运行的窗口，返回上一个窗口的快捷键。

（7）〈SPACE〉键：此键是用来在两个字符间插入空格的键。

（8）〈SCAN〉键：此键是和扫描仪连用的，由于该手簿中没有扫描装置，所以这个键在该手簿中是没有作用的。

3）功能键〈F1〉至〈F25〉

〈F1〉至〈F25〉键为特殊的功能键，其功能可以是用户自定义的。这些键的功能实现是通过控制面板中的全局热键来设置的，可以用于操作系统和其他地方。

3.手簿配件

（1）手簿电池及充电器，如图 5-1-31 所示。

● 锂离子电池必须在使用前对其充电。充电时长为 4 小时，该充电器有过充保护功能。

● 当系统指示灯绿光和红光一起显示的时候表示正在充电中，当只显示绿光时表示充电完成。

（2）手簿数据线：USB 通信电缆用于连接采集手簿和电脑，再配合连接软件（Microsoft ActiveSync）来传输手簿中的测量数据，如图 5-1-32 所示。

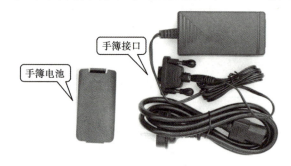

图 5-1-31　电池和充电器

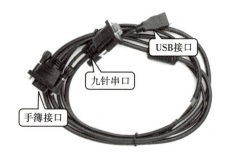

图 5-1-32　数据传输线

拓展与提高

外挂电台

（一）电台

（1）GDL20 电台是空中传输速率达 19 200 bit/s 的高速无线半手工数据传输电台，具有较大射频发射功率，应用于南方 RTK 测量系统中。

（2）具有前向纠错控制、数字纠错功能。

（3）存储 8 个收、发通道，可根据实际使用的通道频率更改，发射功率可调间隔为 0.5 MHz。

（二）电台外形

电台外形如图 5-1-33 所示。

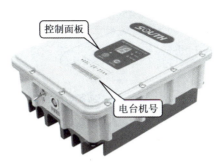

图 5-1-33　电台外形

(三)电台接口及面板

(1)主机接口:五针插孔,用于连接 GPS 接收机及供电电源,如图 5-1-34 所示。

(2)天线接口:用来连接发射天线,如图 5-1-35 所示。

图 5-1-34　主机接口　　　　　　　图 5-1-35　天线接口

(3)控制面板:控制面板指示灯显示电台状态,按键操作简单方便,一对一接口能有效防止连接错误,如图 5-1-36 所示。

- CHANNEL 按键开关:为本机切换通道用开关,按此开关可以切换 1~8 通道。
- ON/OFF 电源开关键:此键控制本机电源开关,左边红灯指示本机电源状态。
- AMP PWR 指示灯:表示电台功率高低,灯亮为低功率,灯灭则为高功率。
- TX 红灯指示:此指示灯每秒闪烁一次表示电台在发射数据状态,发射间隔为 1 s。

(4)功率切换开关:开关调节电台功率,面板上 AMP PWR 灯指示电台功率高低,灯亮为低功率,灯灭则为高功率,如图 5-1-37 所示。

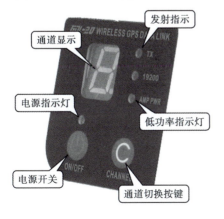 

图 5-1-36　控制面板　　　　　　　图 5-1-37　功率切换开关

（四）电台发射天线

采用的是特别适合野外使用的 UHF 发射天线，接收天线使用的是 450 MHz 全向天线，天线具有小巧轻便和美观耐用的特点，如图 5-1-38 所示。

图 5-1-38　电台发射天线

（五）天线高量取方式

静态作业、RTK 作业都涉及天线高的量取，下面分别予以介绍。

天线高实际上是相位中心到地面测量点的垂直高。动态模式天线高的量测方法有杆高、直高和斜高三种量取方式，如图 5-1-39 所示。

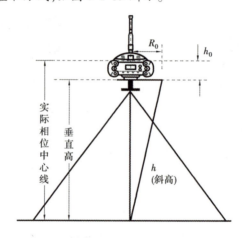

图 5-1-39　天线高测量

（1）杆高：对中杆高度，可以从杆上刻度读取。

（2）直高：地面到主机底部的垂直高度。

（3）斜高：测到测高片上沿，在手簿软件中选择天线高模式为斜高后输入数值。

静态的天线高量测：只需从测点量测到主机上的测高片上沿，内业导入数据时在后处理软件中选择相应的天线类型输入即可。

思考与练习

1.移动站标配有哪些部件组成？

2.如何显示移动站模式?

任务二　掌握 GPS 测量的基本操作方法

 任务描述与分析

GPS 基本操作包括设置基准站、移动站以及连接操作手簿,配对基准站、移动站。

本任务的具体要求是:架设、启动 GPS 基准站;架设、设置 GPS 移动站;掌握蓝牙连接,完成软件安装及连接使用。

 方法与步骤

1.架设、启动 GPS 基准站;

2.架设、设置 GPS 移动站;

3.掌握蓝牙连接;

4.完成软件安装及连接使用。

 知识与技能

GPS 测量作业是指利用 GPS 定位技术,确定观测站之间相对位置所采用的作业方式。不同作业方式所获取的点坐标精度不一样,其作业的方法和观测时间亦有所不同,因此亦有不同的应用范围。本任务主要介绍 RTK 动态测量(电台模式)。

(一)架设基准站

基准站一定要架设在视野比较开阔、周围环境比较空旷、地势比较高的地方;避免架设在高压输变电设备附近、无线电通信设备收发天线旁边、树荫下以及水边,这些都对 GPS 信号的接收以及无线电信号的发射产生不同程度的影响。

(1)将接收机设置为基准站外置模式。

(2)架好三脚架,放电台天线的三脚架最好放到高一些的位置,两个三脚架之间保持至少 3 m 的距离。

(3)固定好机座和基准站接收机(如果架在已知点上,要做严格的对中整平),打开基准站接收机。

(4)安装好电台发射天线,把电台挂在三脚架上,将蓄电池放在电台的下方。

(5)用多用途电缆线连接好电台、主机和蓄电池。多用途电缆是一条"Y"形的连接线,是用来连接基准站主机(五针红色插口)、发射电台(黑色插口)和外挂蓄电池(红黑色夹子),具有供电、数据传输的作用。

 特别提示

在使用 Y 形多用途电缆连接主机时,注意查看五针红色插口上标有红色小点,在插入主机时,将红色小点对准主机接口处的红色标记即可轻松插入。连接电台一端时也同样操作。

(二)启动基准站

第一次启动基准站时,需要对启动参数进行设置,设置界面如图 5-2-1 所示,设置步骤如下:

(1)使用手簿上的工程之星连接基准站。

(2)操作:配置→仪器设置→基准站设置(主机必须是基准站模式)。

(3)对基准站参数进行设置。一般的基准站参数设置只需设置差分格式就可以,其他使用默认参数。设置完成后单击右边的 📷,基准站就设置完成了。

(4)保存好设置参数后,单击"启动基准站"(一般来说基准站都是任意架设的,发射坐标是不需要自己输的),如图 5-2-2 所示。

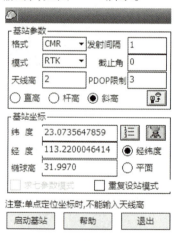
图 5-2-1　基准站设置界面

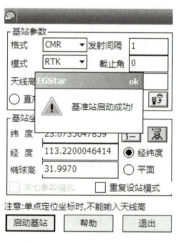
图 5-2-2　基准站启动成功

 特别提示

第一次启动基准站成功后,以后作业如果不改变配置,可直接打开基准站,主机即可自动启动。

(5)设置电台通道。在外挂电台的面板上对电台通道进行设置。

● 设置电台通道,共有 8 个频道可供选择;

● 设置电台功率,作业距离不够远、干扰低时,选择低功率发射即可;

● 电台成功发射了,其 TX 指示灯会按发射间隔闪烁。

（三）架设移动站

确认基准站发射成功后，即可开始移动站的架设，如图 5-2-3 所示。步骤如下：

（1）将接收机设置为移动站电台模式。

（2）打开移动站主机，并将其固定在碳纤对中杆上面，拧上 UHF 差分天线。

（3）安装好手簿托架和手簿。

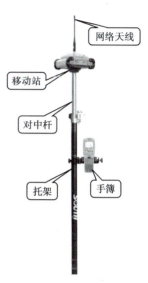

（四）设置移动站

移动站架设好后，需要对移动站进行设置才能达到固定解状态。步骤如下：

（1）手簿及"工程之星"连接。

（2）移动站设置：配置→仪器设置→移动站设置（主机必须是移动站模式）。

（3）对移动站参数进行设置，一般只需要设置差分数据格式，

图 5-2-3　移动站架设

选择与基准站一致的差分数据格式即可，确定后回到主界面，如图 5-2-4 所示。

（4）通道设置：配置→仪器设置→电台通道设置，将电台通道切换为与基准站电台一致的通道号，如图 5-2-5 所示。

图 5-2-4　移动站设置

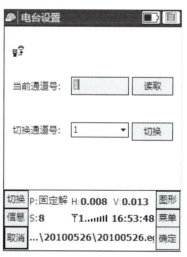

图 5-2-5　电台通道设置

设置完毕，移动站达到固定解后，即可在手簿上看到高精度的坐标。后续的新建工程、求转换参数操作请参考说明书《工程之星 3.0 用户手册》。

（五）蓝牙连接

首先将主机开机，并在动态模式（移动或基准站）下对 S730 手簿进行如下设置：

(1)单击"开始"→"设置"→"控制面板",在"控制面板"窗口中双击"Bluetooth 设备属性",如图 5-2-6 所示。

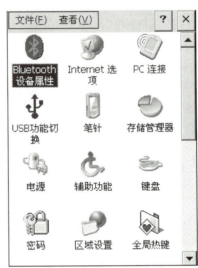

图 5-2-6　双击"Bluetooth 设备属性"

(2)在"蓝牙设备管理器"窗口中选择"设置",选择"启用蓝牙",单击"OK"关闭窗口,如图 5-2-7(a)所示。

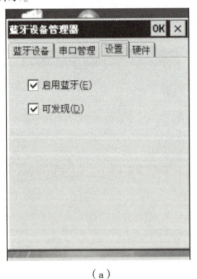

（a）　　　　　　　　　　　　　（b）

图 5-2-7　启用蓝牙和选择"蓝牙设备"

(3)在"蓝牙设备管理器"窗口选择"蓝牙设备",打开 GPS 主机,单击"扫描设备"[图 5-2-7(b)],开始进行蓝牙设备扫描。如果在附近(小于 12 m 的范围内)有可被连接蓝牙设备,在"蓝牙设备管理器"窗口将显示搜索结果,如图 5-2-8 所示。注:整个搜索过程可能持续 10 s 左右,请耐心等待。

(4)根据自己主机的编号单击相应选项前面的"+",例如单击"S82…"数据项前面的"+"按钮,出现"串口服务"选项,双击"串口服务",进入"连接蓝牙串口服务"对话框,"串口前缀"

图 5-2-8　扫描并显示蓝牙设备

选"COM",在"串口号"后面的选项框中选择端口,单击"确定"按钮,进入"串口管理"界面,可以看到蓝牙的配置情况,如图 5-2-9 所示。

（a）　　　　　　　　　　　　　　（b）

图 5-2-9　连接蓝牙串口服务和查看蓝牙配置情况

 拓展与提高

软件安装及连接使用

针对不同行业的测量应用量身定制的专业测绘软件:工程之星、电力之星、测图之星、导航之星等。本说明中以工程之星软件为例。

工程之星软件是 S86 2013 测量系统的专用软件,主要用于观测点的采集计算。

在安装"工程之星"前,需要先将光盘 Microsoft ActiveSync 安装到计算机上,然后将 S730 手簿通过连接线与计算机连接,并把"工程之星"安装到手簿中,同时保持主机开机,然后进行如下设置:

(1)打开"工程之星"软件,进入"工程之星"主界面,单击"提示"窗口中的"OK",如图 5-2-10 所示。

图 5-2-10　打开"工程之星"

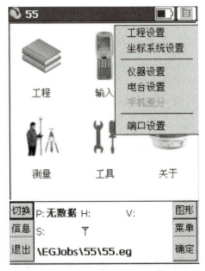

图 5-2-11　单击"端口设置"

(2)单击"配置"→"端口设置"(图 5-2-11),在"端口配置"对话框中,端口选择 "COM3",应与之前连接蓝牙串口服务里面的串口号相同,如图 5-2-12 所示。单击"确定"按钮,按键如果连接成功,状态栏中将显示相关数据;如果连接不通,退出"工程之星",重新连接(如果以上设置都正确,此时直接连接即可)。手簿与主机连通之后可以做后续测量。

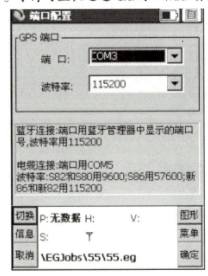

图 5-2-12　选择端口号

思考与练习

1.如何架设基准站？

2.简述如何设置移动站？

任务三　GPS 的实际应用

任务描述与分析

　　GPS 测量是一项考验运用者综合素质的项目,它包括点测量、点放样、面积测量等内容,其中点测量在实际工程中运用较为广泛。

　　本任务的具体要求是:能新建工程,掌握电台通道设置,理解转换参数校正,会进行点校正及点测量。

方法与步骤

1.能新建工程;
2.掌握电台通道设置;
3.理解转换参数校正;
4.会进行点校正及点测量。

知识与技能

(一)新建工程

　　单击"新建工程",出现新建作业的界面,如图 5-3-1 所示。

　　首先在工程名称里面输入所要建立工程的名称,新建的工程将保存在默认的作业路径 EGJobs 里面,然后单击"确定",进入参数设置向导,如图 5-3-2 所示。

　　坐标系统下有下拉选项框,可以在选项框中选择合适的坐标系统,也可以单击下边的"浏览"按钮,查看所选的坐标系统的各种参数。如果没有合适所建工程的坐标系统,可以新建或编辑坐标系统,单击"编辑"按钮,出现如图 5-3-3 所示界面。

单击"增加"或者"编辑"按钮,出现如图5-3-4所示界面。

图 5-3-1　新建工程

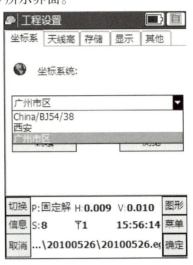

图 5-3-2　工程设置

图 5-3-3　坐标系统选择编辑　　　　图 5-3-4　坐标系统编辑

　　输入参数系统名,在椭球名称后面的下拉选项框中选择工程所用的椭球系统,输入中央子午线等投影参数。然后在顶部的选择菜单(水平、高程、七参、垂直)选择并输入所建工程的其他参数,方框里会出现√,表明新建的工程中会使用此参数。如果没有四参数、七参数和高程拟合参数,可以单击"确定",则坐标系统已经建立完毕。

　　新建工程完毕。

(二)电台通道设置

　　(1)切换通道号后下拉框选择通道号(即大电台发射时面板上显示的通道),单击切换。

　　(2)收到差分信号后,会有信号条闪,状态会从单点解→差分解→浮点解→固定解,出现到固定解就可以工作了,如图5-3-5所示。

（三）转换参数校正

GPS 接收机的一个显著特点就是 GPS 接收机的 OEM 板输出的坐标是 GPS 的 WGS84 椭球下的经纬度坐标。在实际工作中 GPS 系统显示的坐标都首先要通过相应的软件把 GPS 主板输出的坐标转化到当地施工坐标。这就需要加入参数，这里的参数主要有四参数、七参数、校正参数、高程拟合参数。实际应用中我们一般都使用"四参数+校正参数"的方式。

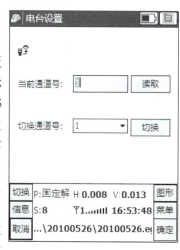

图 5-3-5　电台通道

四参数是同一个椭球内不同坐标系之间进行转换的参数。在工程之星软件中四参数指的是在投影设置下选定的椭球内 GPS 坐标系和施工测量坐标系之间的转换参数。需要特别注意的是，参与计算的控制点原则上至少要用两个或两个以上的点，控制点等级的高低和分布直接决定四参数的控制范围。经验上四参数理想的控制范围 般都在 5~7 km。

四参数的 4 个基本项分别是：x 平移、y 平移、旋转角和比例。

七参数是分别位于两个椭球内的两个坐标系之间的转换参数。在工程之星软件中七参数指的是 GPS 测量坐标系和施工测量坐标系之间的转换参数。七参数计算时至少需要三个公共的控制点，且七参数和四参数不能同时使用。七参数的控制范围可以达到 10 km 左右。

七参数的基本项包括：三个平移参数、三个旋转参数和一个比例尺因子，需要三个已知点和其对应的大地坐标才能计算出。

校正参数是工程之星软件很特别的一个设计，它是结合国内的具体测量工作而设计的。校正参数实际上就是只用同一个公共控制点来计算两套坐标系的差异。根据坐标转换的理论，一个公共控制点计算两个坐标系误差是比较大的，除非两套坐标系之间不存在旋转或者控制的距离特别小。因此，校正参数的使用通常都是在已经使用了四参数或者七参数的基础上才使用的。

高程拟合参数。GPS 的高程系统为大地高（椭球高），而测量中常用的高程为正常高，所以 GPS 测得的高程需要改正才能使用，高程拟合参数就是完成这种拟合的参数。计算高程拟合参数时，参与计算的公共控制点数目不同时，计算拟合所采用的模型也不一样，达到的效果自然也不 样。

下面介绍一下"四参数+校正参数"模式，这种方式的转换原理图如图 5-3-6 所示。

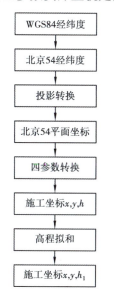

图 5-3-6　四参数转换流程表

说明：直接把 WGS84 的经纬度坐标当作北京 54 的经纬度坐标（肯定会存在偏差），经过投影后再通过四参数转换成施工坐标平面坐标（四参数只能转换平面 X、Y 坐标），最后通过高程拟合参数转换高程。这里的四参数是由 WGS84 坐标和施工坐标求得的（区别于经典测量中用 54 坐标和施工坐标求取的四参数），因此，在把 WGS84 的坐标当作北京 54 的坐标投影时，存在的固定偏差也能被四参数改正。

由转换原理图可知,首先需要计算出四参数。计算四参数时要求至少有两个已知控制点,以两个控制点计算转换参数为例:

1.获取数据

获取两个点的 WGS84 坐标,直接用移动站在已知点上对中采点,如三个点 ZS63、ZS64、ZS65。

2.输入转换参数

如图 5-3-7 所示,单击"增加",出现如图 5-3-8 所示对话框,软件界面上有具体的操作说明和提示,根据提示输入控制点的已知平面坐标。

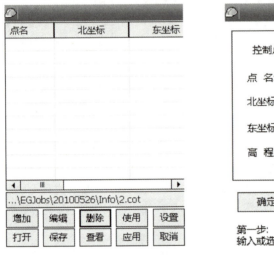

图 5-3-7　控制点坐标库

图 5-3-8　输入控制点已知平面坐标

单击右上角的"OK"进入图 5-3-9 所示界面。选择原始坐标的录入方式,这里点击 从坐标管理库选点 ,选择刚才采集的 ZS63 后出现如图 5-3-10 所示界面。

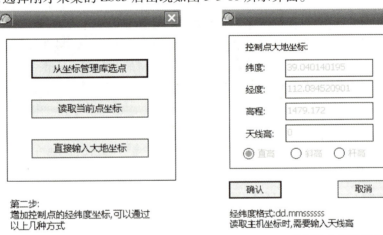

图 5-3-9　增加点的路径选择

图 5-3-10　控制点的原始坐标

单击右上角"OK",出现如图 5-3-11 所示界面。第一个点增加完成,单击"增加",重复上面的步骤,增加另外的点。

所有的控制点都输入以后,查看确定无误后,单击"保存",出现如图 5-3-12 所示界面。

图 5-3-11　增加点完成

图 5-3-12　保存控制点参数文件

3.保存数据

选择参数文件的保存路径并输入文件名,建议将参数文件保存在当前工程下文件名 result 文件夹里面,保存的文件名称以当天的日期命名。完成之后单击"确定",出现如图 5-3-13 所示界面。

然后单击图 5-3-13 界面右下角的"应用",四参数已经计算并保存完毕,完成后如图 5-3-13 所示。此时单击右上角的"OK"即可启用四参数,参数启用后可以单击"查看"按钮或是 ▤ 进行查看,如图 5-3-14 所示。

图 5-3-13　保存成功

图 5-3-14　查看四参数

计算完四参数和高程参数后可以直接进行施工测量。

(四)点校正、点测量

1.点校正

当基准站关机后,例如第一天的工作结束后,第二天在该区域重新施工时的操作步骤又分为两种情况:

1）基准站架设在已知点位时

当移动站接收到基准站自动启动的差分信号并达到固定解后，在软件的工程项目中打开第一天所求四参数的项目，再进行"基准站架设在已知点"的校正后即可进行工作。

2）基准站架设在未知点位时

移动站架设到已知点上对中整平，当接收到基准站自动启动的差分信号并达到固定解后，在"工程之星"软件的工程项目中使用第一天所求四参数的基础上再进行"基准站架设在未知点"的校正后即可进行工作。

若要用七参数，方法和上面的类似。

参数是测量中最重要的环节，因此采集的时候一定要尽量精确，水平残差和高程残差要尽量小，特别是七参数。求好之后还要对其进行检查，看是否超标，最好是求好之后再找一个已知点检核一下。

另外，四参数、七参数也可以从静态中计算得到，可以直接写入工程的参数里面（打开"配

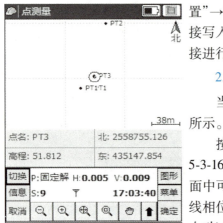

图 5-3-15　点测量

置"→"工程设置"，对所选的坐标系统进行编辑，里面可以直接写入参数），如此测量之前，直接进行上述的第（3）步骤，直接进行单点校正即可。

2.点测量

当显示固定解后就可以进行点测量了，如图 5-3-15 所示。

按"A"键，存储当前点坐标，输入天线高和点名，如图 5-3-16所示。继续存点时，点名将自动累加，在图 5-3-16 的界面中可以看到高程"H"值为"55.903"，这里看到的高程为天线相位中心的高程，当这个点保存到坐标管理库以后，软件会自动减去 2 m 的天线杆高，我们再打开坐标管理库看到的该点高程即为测量点的实际高程。连续按两次"B"键，可以查看所测量的坐标，如图 5-3-17 所示。

图 5-3-16　点存储

图 5-3-17　坐标查看

拓展与提高

文件导出

野外测量之后需要对测量数据进行编辑，以便于我们的内业处理，"工程之星"提供了文件导出功能，可以根据我们的需要导出各种格式的数据。

选择"工程"→"文件导入导出"→"文件导出"，选择文件输出的格式及路径，如图5-3-18所示。

在数据格式里面选择需要输出的格式，也可以自定义输出格式，如图 5-3-19 和图5-3-20所示。

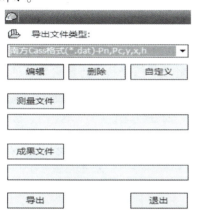

图 5-3-18　选择文件输出的格式及路径

图 5-3-19　自定义文件格式

说明：此处的编辑只能编辑自己添加的自定义的文件类型，系统固定的文件格式不能编辑。

选择数据格式后，单击"测量文件"，选择需要转换的原始数据文件，如图 5-3-21 所示。然后单击"确定"，出现如图 5-3-22 所示界面。

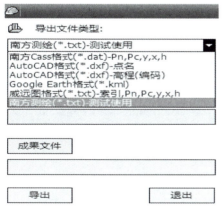

图 5-3-20　选择文件格式

图 5-3-21　选择需要输出的原始测量数据文件

此时单击"成果文件",输入转换后保存文件的名称,如图 5-3-23 所示。

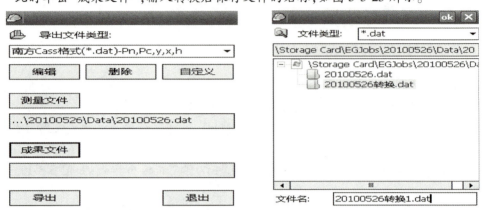

图 5-3-22　选择源文件完成　　　　图 5-3-23　输入目标文件的名称

然后单击"确定",出现如图 5-3-24 所示界面。

最后单击"导出",出现如图 5-3-25 所示界面,则文件已经转换为所需要的格式。

图 5-3-24　数据格式、源文件和　　　图 5-3-25　转换后的成果文件路径
　　　　　　目标文件设置完毕

转换格式后的数据文件保存在"\Storage Card\EGJobs\20100526\data\"里面。

思考与练习

1.如何进行点测量?

2.如何导出文件?

考核与鉴定五

(一)单项选择题

1.文件导出的格式是(　　)。

A.doc B.xls C.dat D.wps

2.坐标查看是连续输入两次(　　)键。

A.aa B.bb C.cc D.dd

3.我国西起东经 72°,东至东经 135°,共跨 5 个时区,我国采用(　　)的区时作为统一的标准时间,称为北京时间。

A.东 8 区 B.西 8 区 C.东 6 区 D.西 6 区

4.在 GPS 测量中,观测值都是以接收机的(　　)位置为准的,所以天线的相位中心应该与其几何中心保持一致。

A.几何中心 B.相位中心 C.点位中心 D.高斯投影平面中心

5.GPS 卫星星座配置有(　　)颗在轨卫星。

A.21 B.12 C.18 D.24

6.移动站主机上面需要连接(　　)。

A.电视天线 B.网络天线 C.一般天线 D.普通天线

7.专业测绘软件有(　　)、电力之星、测图之星、导航之星等。

A.工程之星 B.CASS 之星 C.测绘之星

8.测量时操作手簿状态应处于(　　)。

A.单点解 B.多点解 C.固定解 D.浮点解

(二)判断题

1.电台通道有 9 个。　　　　　　　　　　　　　　　　　　　　(　　)

2.主机不需要注册码即可使用。　　　　　　　　　　　　　　　(　　)

3.移动站模式将两台主机都架立在固定脚架上。　　　　　　　　(　　)

4.使用 RTK 时,不需要用外挂电台。　　　　　　　　　　　　　(　　)

5.点测量与全站仪模式操作原理相似。　　　　　　　　　　　　(　　)

6.测站点应避开反射物,以免多路径误差影响。　　　　　　　　(　　)

7.每台主机的通道可以设置成不同的通道。　　　　　　　　　　(　　)

8.进行测量时不需要进行新建工程。　　　　　　　　　　　　　(　　)

9.工程之星是运用于 GPS 的一个操作手簿软件。　　　　　　　　(　　)

10.主机与操作手簿可直接进行连接。　　　　　　　　　　　　(　　)

11.操作手簿不具备蓝牙功能。　　　　　　　　　　　　　　　(　　)

模块六　其他工具及仪器的测量技术

在测量工作中,不仅要掌握一些先进测量仪器的操作方法,更要掌握一些常用工具和仪器的操作方法。本模块主要学习其他常用工具及仪器的测量技术,主要有四个任务,即掌握钢尺量距的一般方法,了解激光测距仪的使用,掌握光学·激光垂准仪的使用,了解激光投线仪的使用。

 学习目标

(一)知识目标

1.掌握钢尺距离丈量的一般方法和钢尺距离丈量成果计算;
2.了解测距仪的使用方法;
3.掌握垂准仪的使用方法,了解垂准仪在工程中的实际应用;
4.了解投线仪的基本使用方法。

(二)技能目标

1.能正确使用钢尺量距;
2.能利用测距仪测量距离;
3.能利用垂准仪进行垂直投射传递;
4.能利用投线仪进行装饰工程施工。

(三)职业素养目标

1.养成良好的团队合作意识;
2.能保持与社会的紧密接触,开阔视野,提高综合素质;
3.培养严谨、细致的工作态度。

任务一 掌握钢尺量距的一般方法

任务描述与分析

钢尺是人们日常生活中常用的测量工具,也是施工人员进行简单量距的常用工具。

本任务的具体要求是:通过掌握钢尺量距的一般方法,尽可能减少在工程测量中由于各种原因的影响而产生的误差,提高测量的精度。

方法与步骤

1.测距工具的准备;

2.测量路线的踏勘和测量方法的选择;

3.进行实地丈量和记录;

4.数据的整理和内业计算。

知识与技能

(一)钢尺量距的工具

钢尺量距的工具为钢尺。辅助工具有标杆、测钎、垂球等。

1.钢尺

钢尺也称为钢卷尺,有架装和盒装两种,如图6-1-1和图6-1-2所示。尺宽1~1.5 cm,长度有2 m,3 m,5 m,7.5 m,10 m,20 m,30 m及50 m等多种。钢尺的刻划方式目前使用较多的是全尺刻有毫米分划,在厘米、分米、米处有数字注记。

图 6-1-1 架装钢尺

钢尺抗拉强度高,不易拉伸,在工程测量中常用钢尺量距。钢尺特性较脆,容易折断和生锈,使用时应避免扭折、受潮和车轧。由于尺的零点位置不同,钢尺有端点尺和刻线尺之分,端

图 6-1-2　盒装钢尺

点尺以最外端为尺的零点,从建筑物墙边量距比较方便,如图 6-1-3(a)所示;刻线尺以尺前的第一个刻线为尺的零点,如图 6-1-3(b)所示,使用时请注意区别。

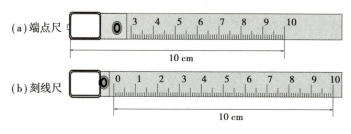

图 6-1-3　钢卷尺的零点表示

2.标杆

标杆用木料或合金材料制成,一般直径约 3 cm,长 1～3 m,杆上油漆成红、白相间的 20 cm 色段。标杆下端装有尖铁脚(图 6-1-4),以便插入地面。合金材料制成的标杆质量轻且可以收缩,携带方便。标杆是一种简单的测量照准标志,在丈量中用于直线定线。

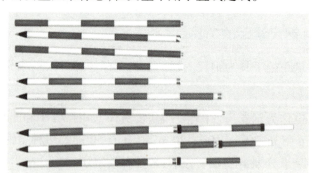

图 6-1-4　标杆

3.测钎

测钎用钢筋制成,上部弯成小圈,下部尖形,一般直径 3～6 mm,长度为 25～40 cm,钎上可用油漆涂成红、白相间的色段。量距时,将测钎插入地面,常用于标定尺端点和整尺段数,也可作为照准标志,一般以 6 根和 11 根为一串,穿在铁环中,如图 6-1-5 所示。

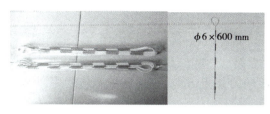

$\phi 6 \times 600$ mm

图 6-1-5　测钎

图 6-1-6　垂球

4.垂球

如图 6-1-6 所示,垂球也称为线垂,为铁制圆锥状,用于在不平坦的地面直接测水平距离时,将平拉的钢尺的端点投影到地面上。

除上述介绍外,在精密丈量距离时,尚需温度计、弹簧秤等工具。

(二)钢尺量距的一般方法

钢尺量距的方法根据精度的不同,分为一般方法和精密方法。本书只介绍钢尺量距的一般方法。

钢尺量距一般方法的相对误差精度要求小于 1/3 000;在量距较困难的地区,其相对误差也不应超过 1/1 000。量距时需要三个人共同完成,其中一个人记录,目估定线,另外二人各持钢尺一端沿直线方向前进,一个尺段、一个尺段地逐段连续丈量。持钢尺零端者在后,称为后尺手;持钢尺末端者在前,称为前尺手。

1.平坦地面的距离丈量

在平坦地面上,可直接沿地面丈量水平距离。如图 6-1-7 所示,欲测 A、B 两点之间的水平距离 D,丈量时,后尺手先在直线起点 A 插上一测钎,并将钢尺零点一端放在 A 点,前尺手持钢尺末端沿 AB 线行至一尺段距离停下,后尺手以手势指挥前尺手将钢尺拉在 AB 直线上,待钢尺拉平、拉紧、拉稳后,前尺手喊"预备",后尺手将钢尺零点对准 A 点后说"好",前尺手立即将测钎对准钢尺末端插入地面,得到一尺段距离。后尺手拔出 A 点测钎,两人将尺悬空,同时沿直线方向前进,重复第一个尺段的丈量工作。每丈量完一段,后尺手增加一根测钎,因此,后尺手手中的测钎数为所量整尺段数。最后不足一个整尺长的零尺段称为余长,用 l' 表示,前尺手根据 B 点的位置读出尺上读数。

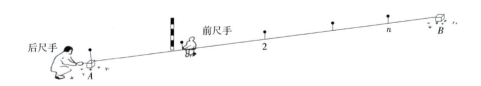

后尺手　　前尺手　　2　　n　　B

图 6-1-7　平坦地面的丈量方法

AB 往测水平距离为:

$$D_{往} = nl + l' \tag{6-1}$$

式中　n——整尺段数;

L——钢尺长度；

l'——余长。

为提高丈量的精度和检核丈量有无差错，必须进行往返丈量。在进行返丈量时，将钢尺倒转方向，持零点的后尺手在 B 点，前尺手转向 A 点方向，按往测的工作程序，从而得到返测的距离。

以往、返丈量距离之差的绝对值 $|\Delta D|$ 与往返丈量的平均值 $D_{平均}$ 之比来衡量测距的精度。通常将该比值化为分子为 1 的分数形式，称为相对误差，用 K 来表示。当量距相对误差符合精度要求时，取往返平均值作为 AB 的距离，否则应当重测。即

AB 距离：
$$D_{平均} = \frac{D_{往} + D_{返}}{2} \qquad (6\text{-}2)$$

相对误差：
$$K = \frac{|D_{往} - D_{返}|}{D_{平均}} = \frac{|\Delta D|}{D_{平均}} = \frac{1}{D_{平均} / |\Delta D|} \qquad (6\text{-}3)$$

将上述信息记入"一般距离测量记录计算表"，见表 6-1-1。

表 6-1-1　一般距离测量记录计算表

直线编号	方　向	整段尺长/m	余长/m	全长/m	往返平均值/m	相对误差

2.倾斜地面的丈量方法

1）平量法

当地面坡度或高低起伏较大时，可采用平量法丈量距离，如图 6-1-8 所示。丈量时，后尺手将钢尺的零点对准地面点 A，前尺手沿 AB 直线将钢尺前端抬高，必要时尺段中间由一人托尺，目估使尺子水平后呼叫"预备"，后尺手将尺的零点对准 A 点，呼叫"好"。前尺手用线垂对准尺末端刻线处投递于地面，并插下测钎。当遇倾斜起伏较大处，按整尺抬高拉成水平有困难时，则可按零尺段进行丈量，但应及时记录其长度值。平量法由上坡往下坡方向丈量，分别丈量两次，以代替往返丈量进行校核。

2）斜量法

如图 6-1-9 所示，当地面倾斜的坡度较大且成等倾斜时，可按斜面直接丈量斜距 L，测出地面倾斜角 α 或 A、B 两点的高差 h_{AB}，按下式计算 AB 的水平距离：

$$D_{AB} = L_{AB} \cdot \cos \alpha \qquad (6\text{-}4)$$

$$D_{AB} = \sqrt{L_{AB}^2 - h_{AB}^2} \qquad (6\text{-}5)$$

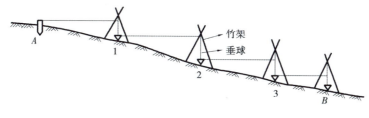

图 6-1-8　平量法

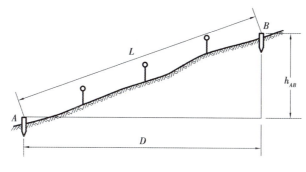

图 6-1-9　斜量法

（三）钢尺量距注意事项

利用钢尺进行直线丈量时，产生误差的因素有很多，主要有尺长误差、拉力误差、温度变化误差、尺身不水平误差、直线定线误差、钢尺垂曲误差、对点误差、读数误差等。因此，在量距时应按规定操作并注意校核。同时，还应注意以下几个事项：

（1）量距时拉钢尺要平稳，拉力要符合要求。

（2）注意钢尺零刻划线位置，看清是端点尺还是刻线尺，以免量错。

（3）读数应准确，记录要清晰，严禁涂改原始数据。

（4）钢尺在路面上丈量时，防止人踩、车辗。钢尺卷结时不能硬拉，以免钢尺折断。

（5）量距结束，应用软布擦去钢尺上的泥土和水，涂上机油，以防止生锈。

 拓展与提高

直线定线

在用钢尺进行水平距离测量时，当地面上两点间的距离超过一整尺长时，或地势起伏较大，一尺段无法完成丈量工作时，需要在两点的连线上标定出若干个点，这项工作称为直线定线。按精度要求的不同，直线定线有目估定线和经纬仪定线两种方法。现介绍目估定线方法。

如图 6-1-10 所示，A、B 两点为地面上互相通视的两点，欲在 A、B 两点间的直线上定出 C、D 等分段点。定线工作可由甲、乙两人进行。

直线定线

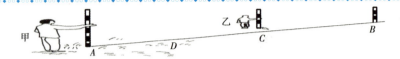

图 6-1-10　目估定线

（1）定线时，先在 A、B 两点上竖立测杆（或测钎），甲立于 A 点测杆后面 1~2 m 处，用眼睛自 A 点测杆后面瞄准 B 点测杆。

（2）乙持另一测杆沿 BA 方向走到离 B 点大约一尺段长的 C 点附近，按照甲指挥手势左右移动测杆，直到测杆位于 AB 直线上为止，插下测杆，定出 C 点。

（3）乙又带着测杆走到 D 点处，同法在 AB 直线上竖立测杆，定出 D 点，以此类推。这种从直线远端 B 走向近端 A 的定线方法，称为走近定线。直线定线一般应采用走近定线。

 思考与练习

1.钢尺量距的工具和辅助工具有哪些？

2.倾斜地面的丈量方法有哪两种？

3.钢尺量距的注意事项有哪些？

4.用钢尺丈量一条直线，往测丈量的长度为 216.301 m，返测丈量的长度为 216.383 m，如规定其相对误差不应大于 1/2 000，试问：

（1）此测量成果是否满足精度要求？

（2）按此规定，若丈量 200 m，往返丈量最大可容许相差多少毫米？

5.用钢尺丈量 AB、CD 两段距离，AB 往测为 212.365 m，返测为 212.345 m；CD 段往测为 115.522 m，返测为 115.540 m。两段距离丈量精度是多少？两段丈量结果各为多少？

任务二　了解激光测距仪的使用

任务描述与分析

　　测距仪用途十分广泛,不仅可用于建筑工程和道路工程,还可用于设施设备的安装(如起重机、消防设施设备、电缆)等。

　　本任务的具体要求是:了解测距仪的原理;掌握激光测距仪的基本操作。

方法与步骤

　　1.安装电池,开机;

　　2.进行距离测量;

　　3.记录和整理数据。

知识与技能

(一) 测距仪的原理

　　目前使用的测距仪主要分为三类,即激光测距仪、超声波测距仪和红外测距仪。下面我们主要介绍这三种测距仪的原理。

1.激光测距仪

　　激光测距仪是利用激光对目标的距离进行准确测定的仪器。激光测距仪在工作时向目标射出一束很细的激光,由光电元件接收目标反射的激光束,计时器测定激光束从发射到接收的时间,计算出从观测者到目标的距离。激光测距仪是目前使用最为广泛的测距仪,又可以分为手持式激光测距仪(测量距离 0～300 m)和望远镜激光测距仪(测量距离 500～3 000 m)。

2.超声波测距仪

　　超声波测距仪是根据超声波遇到障碍物反射回来的特性进行测量的。超声波发射器向某一方向发射超声波,在发射同时开始计时,超声波在空气中传播,途中碰到障碍物就立即返回来,超声波接收器收到反射波就立即中断停止计时。通过不断检测超声波发射后遇到障碍物所反射的回波,从而测出发射超声波和接收到回波的时间差 T,然后求出距离 L。由于超声波受周围环境影响较大,所以超声波测距仪一般测量距离比较短,测量精度比较低。

3.红外测距仪

　　红外测距仪测程一般为 1～5 km。红外测距仪利用的是红外线传播时的不扩散原理,因为红外线在穿越其他物质时折射率很小,所以长距离的测距仪都会考虑红外线,而红外线的传播是需要时间的,当红外线从测距仪发出碰到反射物被反射回来被测距仪接收到,再根据红外线从发出到被接收到的时间及红外线的传播速度就可以计算出距离。红外测距的优点是便宜、易制、安全;缺点是精度低、距离近、方向性差。

(二)激光测距仪的显示屏及按键图标

激光测距仪的种类和型号有很多,现以激光测距仪 BERKKA 为例进行介绍,如图 6-2-1 和表 6-2-1 所示。

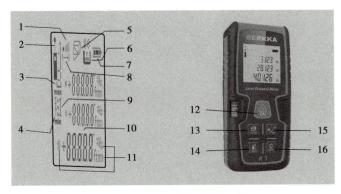

图 6-2-1　显示屏和按键图标

表 6-2-1　显示屏和按键功能符号

编号	显示屏符号	编号	按键功能符号
1	信号强度指标	12	开机测量键
2	激光发射指标	13	面积、体积、勾股定理高度计算键、页面前翻键
3	测量基准	14	转换测量基准键、单位转换键
4	放样	15	加法、减法、页面后翻键、历史数据调阅按键、背景光开关键
5	面积、面积连加、体积、勾股定理	16	清除、关机键
6	历史数据		
7	电池状态		
8	连续测量		
9	硬件故障		
10	当前读数		
11	单位		

（三）激光测距仪的基本操作

1.电池安装

打开底端电池盖,按照电池极性标记装入或更换电池后,扣紧电池盖。

2.开/关机

按开机测量键开启仪器,仪器开启后自动切换成单次测量模式。长按关机键 2 s 可以关闭仪器。30 s 不对仪器有任何操作,仪器将自动关闭激光,3 min 后自动关机。

3.单次测量

在开机状态下,短按测量键开启激光,将激光点瞄准待测目标,再次短按测量键触发单次测量,测量结果立即显示在显示屏上,如图 6-2-2 所示。

4.连续测量

待机状态下,长按测量键将触动连续测量,符号连续闪动。屏幕将出现最小值 min,最大值 max,当前值显示在屏幕最下方,如图 6-2-3 所示。

图 6-2-2 单次测量

图 6-2-3 连续测量

（四）注意事项

（1）野外测量时不可将仪器发射口直接对准太阳,以免烧坏仪器光敏元件。
（2）一定要按仪器说明书安全操作规范进行测量。
（3）注意防雨,禁止将仪器浸在水中。
（4）严禁用手或其他粗糙的物体直接擦拭镜头,也不能用酒精或其他有机溶剂擦拭镜头。
（5）激光不得对准人的眼睛。

 拓展与提高

激光测距仪的其他功能

激光测距仪还具有以下功能:
（1）面积测量和面积连加;
（2）体积测量;
（3）间接测量;
（4）距离放样。

思考与练习

1.激光测距仪的原理是什么?

2.简述激光测距仪的基本操作步骤。

3.使用测距仪有哪些注意事项?

4.激光测距仪还具有其他哪些功能?

任务三　掌握光学·激光垂准仪的使用

 任务描述与分析

　　激光铅垂仪广泛用于电梯安装中确定垂直基准线;井道测量;导轨安装后铅垂性与直线性检测;导轨扭曲度测量与修正;传递基点,方便楼层的轴网定位等。

　　本任务的具体要求是:掌握 DZJ20C-1 光学·激光垂准仪的基本操作,能应用光学·激光垂准仪进行铅垂线的定位传递。

 方法与步骤

　　1.安装电池和架设脚架;
　　2.整平对中;
　　3.进行垂直测量;
　　4.标记和记录。

知识与技能

激光铅垂仪又称为垂准仪,是利用一条与视准轴重合的可见激光产生一条向上的铅垂线,用于竖向照直,测量相对于铅垂线的微小偏差以及进行铅垂线的定位传递。激光铅垂仪广泛用于高层建筑、高塔、烟囱、矿井、电梯、大型机械设备的施工安装、工程监理和变形测量。本书以 DZJ20C-1 光学·激光垂准仪为例进行介绍。

(一)DZJ20C-1 光学·激光垂准仪的特点

(1)既可通过望远镜目视,又可发射激光,定位精度高。

(2)采用红色 635 nm 波长的半导体激光器作为光源,可见性好。

(3)配有网格激光靶,使用方便。

(4)配有度盘,可提高测量的精度。

(5)长水泡采用绿色 LED 照明,环境适应性强。

(二)DZJ20C-1 光学·激光垂准仪构造

DZJ20C-1 光学·激光垂准仪的构造及名称如图 6-3-1 所示。

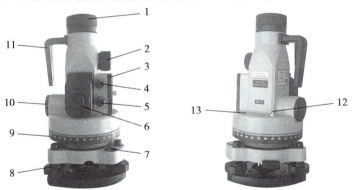

图 6-3-1　DZJ20C-1 光学·激光垂准仪构造及名称

1—物镜头;2—调焦手轮;3—电池盒盖;4—上激光旋钮;5—下激光旋钮;6—目镜;7—圆水泡;
8—基座安平手轮;9—刻度圈;10—下对点调焦手轮;11—手柄;
12—水泡调整钉;13—长水泡

(三)DZJ20C-1 光学·激光垂准仪的基本操作和使用

1.安装电池

打开电池盒盖,放置 2 节 5 号电池,注意电池的极性,切勿放错。

2.架设三脚架

把三脚架安置在测站点上并使架头大致平整,仪器安放在三脚架的平台上,将中心螺旋旋紧,使仪器与脚架连为一体,如图 6-3-2 所示。通过调节三脚架的高度,使操作仪器方便。

3.整平

DZJ20C-1 光学·激光垂准仪与经纬仪一样,这里不再介绍。

4.对中

(1)旋转下激光旋钮,打开下对点激光器,在目标上产生亮点。继续旋转下激光旋钮,调节激光光斑的亮度,使亮度比较柔和。

(2)松开中心固定螺旋,平移仪器,使激光点与基准点重合。

(3)再次整平仪器,直至仪器既精确整平,下激光点又与基准点精确重合为止。

5.垂直测量

在需要投射点位置处放置激光靶(图 6-3-3),旋转仪器上的调焦手轮,使激光靶上的激光光斑最小,此点即为基准点垂直连线上的一点。

图 6-3-2　架设三脚架　　　　　图 6-3-3　　激光靶

拓展与提高

DZJ20C-1 光学·激光垂准仪的应用

1.测定被测物在垂直方向的轮廓(图 6-3-4)

(1)将激光靶的一侧紧靠在被测物的测量点上,旋转仪器上的调焦手轮,使激光靶上的激光点最小,读取激光点在激光靶上的读数。

(2)分别以一定的垂直间隔移动激光靶,按上述同样方法测量。

(3)根据读数连接各点,得到被测物在垂直方向的实际轮廓。

2.点位的垂直传递(井道)

在工程测量或矿山测量中,需要将地面已知方位的基准边传递到地下隧道或矿井中,如图 6-3-5所示。直线 AB 为一已知方位边,在井口 AB 方位线上截取 C、D 两点作为方位传递,操作如下:

(1)在井底整平仪器,打开激光,并平移仪器,使向上发射的激光点与井口的目标点 C 点重合。

(2)此时下对点激光在井底的激光点即为 C 点的投影点 E 点。

（3）按同样的方法测量 D 点，在井底得到 D 点的投影点 F 点。

（4）连接 E、F 两点所成的方位线就是与地面方位角相等的方位边。

图 6-3-4　测定被测物在垂直方向的轮廓

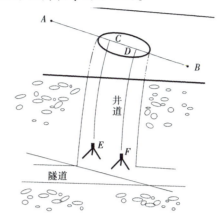

图 6-3-5　点位的垂直传递

思考与练习

1.DZJ20C-1 光学·激光垂准仪的特点是什么？

2.简述 DZJ20C-1 光学·激光垂准仪的基本操作步骤。

3.简述点位的垂直传递（井道）操作步骤。

任务四　了解激光投线仪的使用

任务描述与分析

投线仪又称为墨线仪，一般指可发出垂直或水平的可见激光，用于在目标面上标注水平线或垂直线。

本任务的具体要求是:通过学习激光投线仪的构造和使用方法,会用激光投线仪进行建筑装饰装修工程和设备安装工程放线。

 ## 方法与步骤

1.安装电池;
2.粗调平;
3.开机操作;
4.调整应用。

 ## 知识与技能

(一)激光投线仪的构造

激光投线仪在建筑装饰装修工程和设备安装工程中应用十分广泛。其垂线精度和水平线精度为5 m±1 mm,适应于在-10~45 ℃的环境下工作。以精准系列激光投线仪为例,其构造如图6-4-1所示。

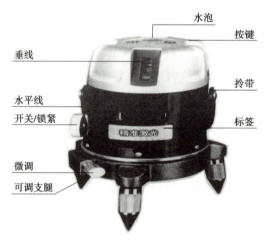

图 6-4-1　精准激光投线仪的构造

(二)激光投线仪的使用方法

(1)安装电池。

(2)粗调平。通过旋转底座上的三个支腿,调整到仪器顶部水泡在线内即可(不必十分准确),此时仪器会自动整平。

(3)开启。右旋打开电源/锁紧开关,此时对地点点亮,同时水泡下发光指示点亮。

（4）操作。根据施工现场实际需要，按机壳顶部 V/H 键（V 代表垂直线，H 代表水平线）来达到所需要的光线组合，如要垂线对准某一位置，可手动转动仪器，配合微调，使光线精确对准目标。可配合使用三脚架来升高或降低水平线。

（5）遥控。精准系列可通过遥控器来实现仪器 360° 自动旋转。

（6）报警。当仪器未放平，激光线会闪烁，此时应调节三个支腿，只要光线不闪烁即可使用。

（7）室外应用。在室外使用时，如果光线不易看见，可配用接收器，先按仪器上 OUTOOR，水泡下发光管会闪烁，代表可用接收器。

（8）关闭。停止使用时只需把锁紧开关逆转至 OFF 状态即可，仪器自动锁紧及切断电源。

（三）激光投线仪的注意事项

（1）眼睛不要直视激光线条，应配合防护眼镜使用。

（2）避免仪器受剧烈震动、碰撞、跌落。

（3）使用结束后应注意将锁紧开关锁紧，并将电池取下，以免电池液外漏。

（4）仪器应放置在通风、干燥、隔热、防火的地方，严禁与腐蚀性物品接触。

（四）激光投线仪的附件

激光投线仪的附件有金属箱（含背带）、滤光眼镜、擦镜布、三脚架、电池、接收器（选配），如图 6-4-2 所示。

图 6-4-2　三脚架、金属箱、滤光眼镜

 思考与练习

1.简述激光投线仪的使用方法。

2.使用激光投线仪时，有哪些注意事项？

考核与鉴定六

（一）单项选择题

1.在山区丈量 AB 两点间的距离,往、返值分别为 286.48 m 和 286.44 m,则该距离的相对误差为（　　）。

A.1/7 160　　　　　　B.1/7 162　　　　　　C.1/7 161　　　　　　D.1/7 163

2.一钢尺名义长度为 30 m,与标准长度比较得实际长度为 30.016 m,则用其量得两点间的距离为 64.782 m,该距离的实际长度是（　　）。

A.64.748 m　　　　　B.64.812 m　　　　　C.64.817 m　　　　　D.64.784 m

3.钢尺量距时,量得倾斜距离为 123.456 m,直线两端高差为 1.999 m,则两点的水平距离为（　　）m。

A.123.439 m　　　　　B.123.440 m　　　　　C.123.441 m　　　　　D.123.442 m

4.在平坦地面丈量 AB 两点间的距离,往、返值分别为 200.456 m 和 200.450 m,则 AB 的平均距离为（　　）m。

A.200.152 m　　　　　B.200.453 m　　　　　C.200.454 m　　　　　D.200.455 m

5.下面是 4 个小组丈量距离的结果,只有（　　）组测量的相对误差不低于 1/5 000 的要求。

A.100 m,0.025 m　　　B.200 m,0.040 m　　　C.150 m,0.035 m　　　D.300 m,0.075 m

6.由于直线定线不准确,造成丈量偏离直线方向,其结果使距离（　　）。

A.偏大　　　　　　　　　　　　　　　　B.偏小

C.无一定的规律　　　　　　　　　　　　D.忽大忽小,相互抵消,结果无影响

7.钢尺尺宽为（　　）cm。

A.1.2～1.5　　　　　　B.1～1.5　　　　　　C.1.5～2　　　　　　D.1.2～2.5

8.钢尺量距一般方法的相对误差精度要求小于（　　）;在量距较困难的地区,其相对误差也不应超过（　　）。

A.1/1 000　　　　　　B.1/2 000　　　　　　C.1/3 000　　　　　　D.1/5 000

9.手持式激光测距仪测量距离为（　　）m。

A.0～50　　　　　　　B.0～100　　　　　　C.0～200　　　　　　D.0～300

10.下列关于激光测距仪的注意事项,说法不正确的是（　　）。

A.野外测量时不可将仪器发射口直接对准太阳,以免烧坏仪器光敏元件

B.一定要按仪器说明书安全操作规范进行测量

C.注意防雨,禁止将仪器浸在水中

D.激光可以对准人的眼睛

11.下列关于 DZJ20C-1 光学·激光垂准仪的特点,说法不正确的是（　　）。

A.既可通过望远镜目视,又可发射激光,定位精度高

B.采用红色 635 nm 波长的半导体激光器作为光源,可见性较差

C.配有度盘,可提高测量的精度

D.长水泡采用绿色 LED 照明,环境适应性强

12.激光投线仪在建筑装饰装修工程和设备安装工程中应用十分广泛,适应于在(　　)的环境下工作。

A.-5~25 ℃　　　　B.-10~45 ℃　　　　C.-10~30 ℃　　　　D.-10~40 ℃

13.对一距离进行往、返丈量,其值分别为 72.365 m 和 72.353 m,则其相对误差为(　　)。

A.1/6 030　　　　B.1/6 029　　　　C.1/6 028　　　　D.1/6 027

14.在山区丈量 AB 两点间的距离,往、返值分别为286.58 m 和 286.44 m,则该距离的相对误差为(　　)。

A.1/2 047　　　　B.1/2 046　　　　C.1/2 045　　　　D.1/2 044

15.钢尺量距时,量得倾斜距离为 123.456 m,直线两端高差为 1.987 m,则高差改正为(　　)m。

A.-0.016　　　　B.0.016　　　　C.-0.032　　　　D.1.987

16.望远镜激光测距仪测量距离最大可达(　　)m。

A.500　　　　B.2 000　　　　C.3 000　　　　D.5 000

(二)多项选择题

1.按精度要求的不同,直线定线可采用(　　)方法。

A.目估定线　　　B.经纬仪定线　　　C.全站仪定线　　　D.走近定线

2.下面是 4 个小组丈量距离的结果,只有(　　)组测量的相对误差不低于 1/5 000 的要求。

A.100 m,0.005 m　　B.200 m,0.025 m　　C.150 m,0.035 m　　D.300 m,0.055 m

3.测量距离的方法有(　　)。

A.钢尺量距　　　　　　　　　　B.光电测距仪测距
C.视线高法　　　　　　　　　　D.视距测量法

(三)判断题

1.在钢尺量距中,钢尺的量距误差与所量距离长短无关。　　　　(　　)

2.在钢尺丈量中,定线不准会使测量结果偏大。　　　　(　　)

3.直线方向可以用方位角表示,也可以用象限角表示。　　　　(　　)

4.激光测距仪工作时,严禁测线上有其他反光物体和反光镜。　　　　(　　)

5.激光测距仪工作时,照准头对向太阳问题不大。　　　　(　　)

6.测距仪主要分为激光测距仪、超声波测距仪、红外测距仪三类。　　　　(　　)

7.激光测距仪是利用激光对目标的距离进行准确测定的仪器。　　　　(　　)

8.读数应准确,记录要清晰,不正确时,可以适当涂改原始数据。　　　　(　　)

9.某钢尺经检定,其实际长度比名义长度长 0.01 m,现用此钢尺丈量 10 个尺段距离,如不考虑其他因素,丈量结果将比实际距离长 0.1 m。　　　　(　　)

10.在钢尺量距中,只要钢尺拉直就可以了。　　　　(　　)

11.倾斜地面的丈量方法有平量法和斜量法。　　　　(　　)

12.从直线远端 B 走向近端 A 的定线方法,称为走近定线。　　　　(　　)

模块七　大比例尺地形图的测绘与应用

地形图是地球表面各种复杂地物、地貌在水平面上的垂直投影图。大比例尺地形图的测绘与应用是工程测量技术的主要任务之一，能测绘、应用大比例尺地形图是每个测量员的基本素质。本模块主要任务是掌握地形图基本知识，掌握地物、地貌在地形图上的表示方法，熟悉数字化测图的作业过程，会大比例尺地形图的测绘，掌握地形图相关基本应用。

学习目标

(一)知识目标

1.掌握地形图的基本知识；

2.了解常见地物、地貌的表示图式；

3.了解各种地貌的特征。

(二)技能目标

1.能熟练阅读和正确使用地形图；

2.能利用全站仪进行野外采集数据；

3.能计算地形图上的高程、坐标，能计算两点间的水平距离、坡度等。

(三)职业素养目标

1.培养严谨、认真的学习态度；

2.培养良好的标准意识、规则意识、合作意识；

3.培养劳动精神。

任务一　掌握地形图的基本知识

任务描述与分析

地形图是建筑工程规划、设计、施工时必不可少的基本资料,因此正确识图和使用地形图是工程技术人员必须具备的基本技能之一。

本任务的具体要求是:理解地形、地形图、比例尺、等高线、等高距、等高线平距等名词;能熟练依据地形图比例尺在实际水平距离与图上距离之间进行换算;能从地形图中找出山头等典型地貌;了解等高线特性。

方法与步骤

1.认识地形及地形图;

2.认识地形图的比例尺及比例尺精度;

3.认识地形图的图名、图号、图廓和接合图表;

4.了解地物与地貌的表示方法。

知识与技能

(一)地形图概述

1.地形

地球表面有高耸的山峰,也有交汇的河流,有天然的湖泊,也有人工的建筑,有的地面高低起伏,有的地面一马平川。地面上有明显轮廓的各种固定物体称为地物,如道路、桥梁、房屋、农田和河流等;高低起伏、凹凸不平的各种地面形态称为地貌,如高山、洼地、斜坡、峭壁等。地物和地貌总称为地形。

2.地形图

将地面上各种地物、地貌的平面位置和高程,垂直投影到水平面上,再按一定的比例,用《国家基本比例尺地图图式》(GB/T 20257)统一规定的符号和注记,将其缩绘在图纸上。这种既表示出地物的平面位置,又表示出地貌的图,称为地形图。

只反映地物的平面位置,不反映地貌的图,称为平面图。

测绘地形图的工作,称为地形测量或碎部测量。

(二)地形图的比例尺

1.比例尺

地形图上任意两点间的距离与它所代表的实际水平距离之比,称为比例尺,其表达式为:

$$地形图比例尺 = \frac{地形图上两点间的距离}{对应的实际水平距离} = \frac{1}{M} \qquad (7\text{-}1)$$

直接用数字表示的比例尺,称为数字比例尺,如 1:500、1:1 000、1:2 000、1:5 000。数字比例尺的分母越大,比值越小,比例尺越小;反之,分母越小,比值越大,比例尺越大。

还有直线比例尺(也称图示比例尺),直接用图示长度进行图上距离与实际水平距离的换算。图 7-1-1 中,每一大格表示 20 m,每一小格表示 2 m。

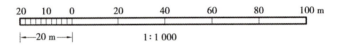

图 7-1-1　图示比例尺

建筑工程中所使用的大比例尺地形图,是指比例尺为 1:10 000、1:5 000、1:2 000、1:1 000、1:500 的地形图。

2.比例尺精度

在图上度量或实地测图时,人眼分辨的最小长度一般为 0.1 mm,因此,地形图上 0.1 mm 所代表的实地水平距离,称为比例尺精度。

比例尺精度的作用:已知测图比例尺,确定实测最短距离;根据地形图要求反映的最短距离,确定测图比例尺。

常用大比例尺地形图的比例尺精度见表 7-1-1。

表 7-1-1　常见大比例尺的精度

比例尺	1:500	1:1 000	1:2 000	1:5 000
比例尺精度/m	0.05	0.10	0.20	0.50

(三)地形图的图名、图号、图廓和接合图表

1.地形图的图名

图名即本地形图名称,一般以地形图最主要地名、居民地或企事业单位的名称命名,注记在图廓北侧中央。

2.地形图的分幅和图号

1)分幅

分幅就是将一个测区的地形图根据要求划分成若干尺寸的分图幅。分幅有矩形分幅和正方形分幅两种。大比例尺地形图多采用正方形分幅。本书仅介绍正方形分幅。

正方形分幅是按统一的直角坐标格网划分图幅,也就是按地形图比例尺由小到大,逐级将一幅小一级比例尺地形图对分成四幅大一级地形图,如图 7-1-2 所示。

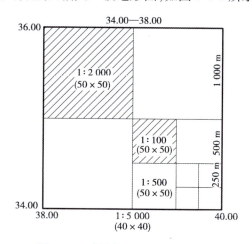

图 7-1-2 大比例地形图分幅与编号

2)图号

图号就是地形图的编号。一个测区的地形图由若干张图纸组成,需统一编号,以便于管理和阅读。

(1)采用图廓西南角坐标"$X—Y$"编号表示,如图 7-1-2 的图号为 34.00—38.00,分图为:34-38-1,34-38-2,…,34-38-4-1,…,34-38-4-1-1…

(2)采用流水编号。从左到右,自上而下用阿拉伯数字 1,2,3,…,n 编号,如图 7-1-3 所示。

		1	2	3	4	
5	6	7	8	9	10
11	12	13	14	15	16

图 7-1-3 流水编号法

(3)行列编号法,以 A,B,C 等代表横行,从上到下排列;以阿拉伯数字代表纵行,从左到右排列,如图 7-1-4 所示。

A-1	A-2	A-3	A-4		
B-1	B-2	B-3	B-4	B-5	
C-1	C-2	C-3	C-4	C-5	C-6

图 7-1-4 行列编号法

3.坐标格网和图廓

手工测图中,为了展绘控制点及其他用途,必须绘出坐标格网及图廓。大比例尺地形图的坐标格网一般只绘出纵横交叉的部分,坐标值标注在内图廓外。图廓分为内、外图廓,内图廓是图幅的实际范围,用细线绘出,内图廓线就是坐标网格线;外图廓用粗线绘出,如图 7-1-5 所示。

4.接合图表

为了说明本图幅与相邻图幅的联系,供索取和拼接相邻图幅用,标注在图廓外左上方,如图 7-1-5 所示。

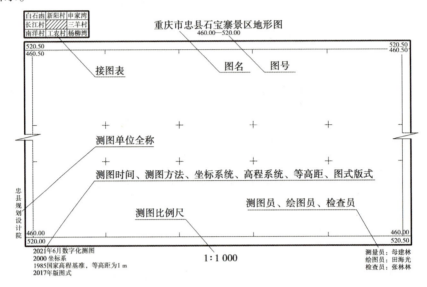

图 7-1-5　图廓外注记

(四)地物与地貌的表示方法

1.地物

地物用地物符号表示。《国家基本比例尺地图图式》(GB/T 20257)中,地物符号分为依比例尺符号、半依比例尺符号、不依比例尺符号。

(1)依比例尺符号:地物依比例尺缩小后,其长度和宽度能依比例尺表示的地物符号称为依比例尺符号。如房屋、稻田、菜地等。这类符号一般用实线或点线表示其外围轮廓,既表示地物的形状和大小,又表示其平面位置。

(2)半依比例尺符号:地物依比例尺缩小后,其长度能依比例尺,而宽度不能依比例尺表示的地物符号称为半依比例尺符号。如水准点、消火栓、路灯等。半依比例尺符号只表示地物的中心或中线位置,不表示其大小和形状。

(3)不依比例尺符号:地物依比例尺缩小后,其长度和宽度不能依比例尺表示的地物符号称为不依比例尺符号。

符号选用取决于测图比例尺的大小及地物的大小。比例尺越大,用比例符号描述的地物就越多,用非比例符号就越少。

《国家基本比例尺地图图式》(GB/T 20257)规定了各种地物符号的形态、大小、线型及间隔等。表 7-1-2 是《国家基本比例尺地图图式　第 1 部分:1:500　1:1 000　1:2 000 地形图图式》(GB/T 20257.1—2017)节选。地形图测量中需根据规范规定使用地物符号。

表 7-1-2　地形图图式

编号	符号名称	1:500　1:1 000　1:2 000	编号	符号名称	1:500　1:1 000　1:2 000
1	三角点 张湾岭—点名 156.718—高程 3.0—比高	3.0　△　张湾岭/156.718	8	坎儿井 a.竖井	0.3 … a …①… —①→ 1.0　　4.0　2.2
2	导线点 Ⅰ—等级 23—点号 94.40—高程 2.4—比高	2.4　⊙　Ⅰ 23/94.40	9	沟堑 a.已加固的 b.未加固的	a　2.6 b
3	图根点 a 埋石 12—点号 275.46—高程 b 不埋石 19—点号 84.47—高程	⊡a　12/275.46 ⊡b　19/84.47	10	单幢房屋 a.一般房屋 b.有地下室的房屋 c.实出房屋 d.简易房屋 混、钢—房屋结构 1,3,28—房屋层数 -2—地下房屋层数	a 混1　b 混3-2 c 钢28　d 简
4	水准点 Ⅱ—等级 京石 5—点名点号 32.805—高程	2.0　⊗　Ⅱ京石5/32.805	11	建筑中的房屋	建
5	卫星定位等级点 B—等级 14—点号 495.263—高程	3.0　▲　B14/495.263	12	钟楼、城楼、鼓楼、古关寨	
6	独立天文点 照壁山—点名 24.54—高程	☆　照壁山/24.54	13	依比例的亭	⍑ 2.0 1.0
7	地下渠道、暗渠 a.出水口	0.3 … a …#… —#→ 1.0　　4.0	14	不依比例的雕塑、塑像	b 3.1 1.9

续表

编号	符号名称	1:500 1:1 000 1:2 000	编号	符号名称	1:500 1:1 000 1:2 000
15	教堂	混	23	冲沟	3.4 4.5
16	栅栏、栏杆	10.0 1.0	24	地裂缝 a.依比例尺的 2.1——裂缝宽 5.3≡裂缝深 b.不依比例尺的	a 2.1/5.3 裂 b 裂 0.5 0.15
17	篱笆	10.0 1.0 0.5	25	果园	1.2 10.0 2.5 10.0
18	活树篱笆	6.0 1.0 0.6	26	幼林、苗圃	1.0 幼 10.0 10.0
19	铁丝网、电网	10.0 1.0 —电—	27	灌木林	0.5 1.0
20	路灯		28	悬空通廊	混凝土4 混凝土4
21	内部道路	1.0 1.0	29	门洞、下跨道	砖 5
22	机耕路(大路)	8.0 2.0 0.2	30	台阶	0.6 1.0 1.0

续表

编号	符号名称	1:500　1:1 000　1:2 000	编号	符号名称	1:500　1:1 000　1:2 000
31	院门 a.围墙门 b.有门房的	a　　　　　　0.6 1.0 45° b　砖　　砖	36	变压室 a.室内的 b.露天的	a　　　　b　3.2 1.6
32	门墩 a.依比例尺的 b.不依比例尺的	a 1.0 b	37	陡崖、陡坎 a.土质的 b.石质的 18.6,22.5—— 比高	a　18.6 300 b　22.5 700
33	地铁 a.地面下的 b.地面上的	a　8.0　　b 1.0 2.0　2.0	38	乔木行树	b
34	阶梯路	1.0	39	高草地 芦苇—植物名	2.5 1.0　芦苇　10.0 10.0
35	乡村路 a.依比例尺的 b.不依比例尺的	4.0　　1.0 a　　　　　　0.2 8.0　2.0 b　　　　　　0.3	40	阔叶树	1.6 2.0　　3.0 1.0

2.地貌

地貌用等高线表示。等高线不仅能表示地貌的起伏形态,而且能表示出地面的坡度和地面点的高程。

1)等高线

等高线是地面上高程相同的相邻点所连成的闭合曲线。若用一组水平面切割地面,会得到一个切割面,切割面边缘线上各点高程相等,就是一组等高线,将它们投影到水平面上,并标注相应的高程,即为地形图上的等高线,如图 7-1-6 所示。根据图上等高线的高程、走向、疏密程度,从而判断出地面的起伏变化状态。

2)等高线的分类

等高线可分为首曲线、计曲线、间曲线、助曲线,如图 7-1-7 所示。地形图上等高线有很多,为便于识图,每隔 4 根加粗 1 根,加粗的等高线称为计曲线,线宽 0.25 mm,标注有等高线高程;其余 4 根称为首曲线,又称基本等高线,线宽 0.15 mm。一些重要部位的地貌,用首曲线、计曲线还不能清楚反映时,就需要加密等高线。按 1/2 基本等高距绘制的等高线称为间曲线,线宽 0.15 mm,用长虚线表示。按 1/4 基本等高距绘制的等高线称为助曲线,线宽 0.15 mm,用短虚线表示。间曲线、助曲线可以不闭合。

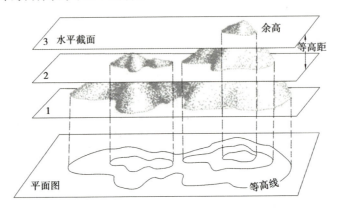

图 7-1-6　等高线表示地貌的原理

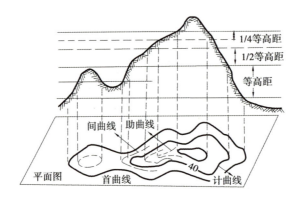

图 7-1-7　四种等高线示意图

3)等高距和等高线平距

地形图上相邻两基本等高线之间的高差称为等高距,常用 h 表示。同一幅地形图中等高距相同,标注在图纸的西南角。等高距的选取取决于测图比例尺及地面的陡缓,见表 7-1-3。

表 7-1-3　地形图的基本等高距

地貌类别	测图比例尺			
	1:500	1:1 000	1:2 000	1:5000
平地($\alpha<3°$)	0.5	0.5	1	2
丘陵地($3°\leqslant\alpha<10°$)	0.5	1	2	5
低山地($10°\leqslant\alpha<25°$)	1	1	2	5
高山地($\alpha\geqslant25°$)	1	2	2	5

等高线平距是指地形图上相邻两条等高线之间的水平距离。等高线平距越小,等高线越

密,表示地面坡度越陡;等高线平距越大,等高线越稀疏,表示地面坡度越缓;等高线半距相同,等高线平行,表示地面坡度均匀。

4)典型地貌等高线

山头、洼地、山脊、山谷、鞍部、陡岩、悬崖等地貌,其等高线如图 7-1-8 所示。

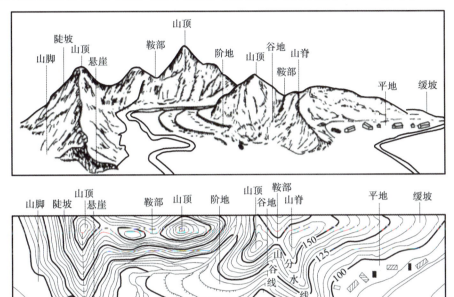

图 7-1-8　综合地貌及其等高线

(1)山头与洼地:山头为一圈圈闭合形状等高线,中间高周围低;洼地为一圈圈闭合形状等高线,中间低周围高。

(2)山脊与山谷:山脊为一组抛物线形等高线,凸向低处;山谷为一组抛物线形等高线,凸向高处。山脊最高点的连线,为山脊线;山谷最低点的连线,为山谷线。

(3)鞍部:形如马鞍的地形,一对山脊线与一对山谷线会合的部位。

(4)陡岩:近于垂直的地形,尽管地面上的等高线位于不同高程的层面上,但投影在地形图上后,等高线很密集,用陡岩符号表示,其岩质有土质和石质之分。

(5)悬崖:上部水平凸出,下部内陷的地形。投影在地形图上的等高线相交,交点成对出现,不可见部分的等高线用虚线表示。

5)等高线的特征

(1)同一条等高线上各点的高程相同。

(2)等高线是闭合的曲线,若不在本幅图内闭合,必在图外闭合。

(3)除在断崖、绝壁处外,等高线在图上不能相交或重合。

(4)在同一幅地形图上,等高线的平距小表示坡度陡,平距大表示坡度缓,平距相等则坡度相同。

(5)山脊线、山谷线均与等高线正交。

拓展与提高

根据野外采集数据手工绘制等高线

野外采集的地形数据,在平面上是一些不规则分布的数据点,如图7-1-9所示。根据不规则分布的数据点绘制成三角形网,再在网格边或三角形边上进行等高线点位的寻找、等高线点的追踪、等高线的平滑和绘制等高线。

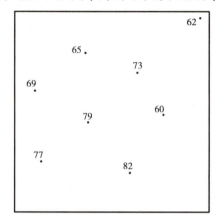

图7-1-9　野外采集的地形数据

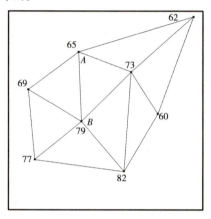

图7-1-10　初始三角形网

(1)将邻近的三个数据点连接成初始三角形,再以这个三角形的每一条边为基础连接邻近的数据点,组成新的三角形,如此继续下去,直至所有的数据点均已连成三角形为止。在建网过程中,要确保三角形网中没有交叉和重复的三角形,如图7-1-10所示。

(2)量取两点间连线的距离 D,如 A、B 两点,用两点距离除以两点高差,求出单位高差的距离,然后乘以其中一点(编号设为 A)的高程与整数高程之间的高差值,求出整数高程在线上与 A 点的距离,标出该点,如图7-1-11所示。合理确定等高距,不断找出各边各个整数高程点。

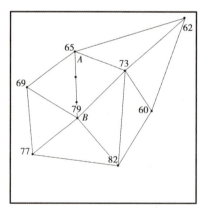

图7-1-11　标出高程整数点

（3）把相同高程的点相连，如图 7-1-12 所示。再进行平滑，即可绘出等高线，如图 7-1-13 所示。

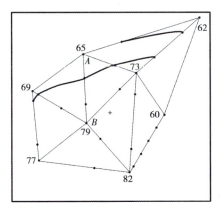

图 7-1-12 连接相同高程点

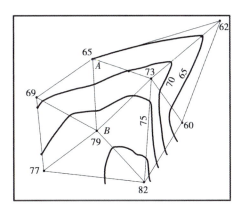

图 7-1-13 修饰等高线

思考与练习

1.根据图 7-1-14 所示地形图回答问题：

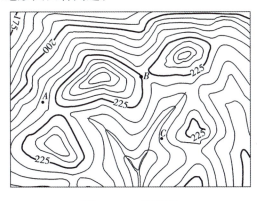

图 7-1-14 地形图

（1）分别找出高程最高和最低的等高线。

（2）找出图中的山头及各山顶的高程，哪个山头最高？

（3）该地形图的等高距是多少？A、B 两点能通视吗？为什么？

2.计算题

(1)*AB* 两点水平距离为 3 200 m,在 1:2 000 地形图上应为多少厘米?

(2)某地形图的比例尺为 1:1 000,*AB* 两点图上距离为 6.82 cm,则实际水平距离为多少米?

任务二　掌握大比例尺地形图测绘

 任务描述与分析

以控制点为测站点,将其周围地物、地貌的特征点的平面位置和高程,按测图比例尺缩绘在图纸上,并根据《国家基本比例尺地图图式》(GB/T 20257)规定的符号,勾绘出地物、地貌的位置、形状和大小,就形成了地形图。

本任务的具体要求是:了解野外数据采集方式分类,掌握野外数据采集立尺点选择要求;熟悉运用全站仪进行野外数据采集的基本程序;会运用全站仪进行野外数据采集,会利用软件形成地形图。

本任务仅介绍全站仪大比例尺地形图测绘。

 方法与步骤

1.了解地形测量的定义;
2.了解地形测量的方式;
3.掌握全站仪测量地形图。

 知识与技能

(一)地形测量

在控制点建立测站,测出其周围地物、地貌的特征点的平面位置,再按照一定的比例尺绘制成图,就是地形测量,又称为碎部测量。地形测量的实质就是测定碎部点的平面位置和高程。

如要测绘一矩形的房屋,只要测出房屋的四个角点的平面位置,并按一定比例尺将角点展绘到图上,再把相应的点连接起来,就得到这幢房屋在图上的平面位置。要测绘一条不规则的河流,先在不规则的水岸线上适当选择若干点,测定这些点的平面位置,并按规定的比例尺展绘到图纸上,再参照实地情况,把图上相应点连接起来,就得到河流在图上的平面位置。所选的这些点称为地物特征点,简称地物点。

如通过测定地面坡度变化点的平面位置和高程,再按一定比例绘制等高线,就形成地貌。这些坡度变化的点称为地貌特征点,简称地形点。

地物点和地貌点总称为碎部点。

(二)地形测图方式

目前比较先进和主流的测图方式是数字化测图,是以仪器野外采集的数据为电子信息,自动传输、记录、存储、处理、成图和绘图。数字化测图仍然包括控制测量与碎部测量,可"先控制后碎部",也可同时进行,与常规方法测图相比可大大节省时间。

数字化测图的基本方法是将采集的各种有关的地物和地貌信息转化为数字形式,再传输到计算机上进行处理,得到内容丰富的电子地图,需要时由图形输出设备绘出地形图或各种专题地图。数字化地形测量以碎部测量为数据采集过程,大量的成图工作由内业完成,成图的方法因使用的测图软件不同而不同。

数字化测图分为航拍数字测图、地面数字测图。地面数字测图模式有全站仪自动跟踪测量模式、GPS 测量模式、现场测记模式。

(三)全站仪测图

1.测图流程

由全站仪实地测量采集数据并传输给计算机,通过计算机软件对野外采集的信息进行识别、连接、调用图式符号,并编辑生成数字地形图。

2.野外采集数据前的准备工作

(1)仪器工具:全站仪、对讲机、备用电池、反光棱镜、钢尺等。

(2)测量区域划分:一般以沟渠、道路等明显线状地物划分测区。

(3)人员分工:观测员 1 人,记录员 1 人,草图员 1 人,跑尺员 1 人或 2 人。

3.野外数据采集

(1)确认本次野外数据采集范围,了解该区域地物轮廓线、地貌地形线的变化情况,了解控制点的分布情况,选择合适的控制点作为测站点。

(2)在选定的控制点上安置全站仪,对中、整平,量出仪器高 i,开机并设定全站仪相关参数值。

(3)选择测量状态,设置测站,输入测站点、后视点相关信息,在全站仪中输入棱镜高度。

(4)在后视点立镜,瞄镜进行定向。

(5)在另一控制点上立镜,测出该点的三维坐标(X,Y,H),并与该控制点三维坐标值比较。若满足要求,则测站点准备工作就绪,可进行下一步操作,否则应检查以下几点:

①已知点、定向点和检查点的坐标是否输错;

②点号是否调错；

③仪器及设备是否有故障；

④仪器操作是否正确。

（6）通知持镜者开始跑点，到各地物、地貌特征点安置棱镜，用全站仪逐一瞄准各碎部点处的棱镜，测出各点的三维坐标并记录。

安置点选择：

①应选择在地物、地貌的特征点上。地貌特征点包括山顶最高点，洼地最低点，鞍部、陡坎与陡崖的上下边缘转折点，山脊、山谷、山坡、山脚的坡度变化点及方向变化点；地物特征点包括地物轮廓线上的转折点、交叉点，河流和道路的拐弯点，独立地物的中心点；对于水库为水洼线拐弯点，对于植被为边界线的方向变化处。

②若地面为均匀坡，应选择梅花形状均匀安置。

（7）一站测完检查确认无误后，关机、搬站。下一测站，重新按上述步骤进行。

4.采集数据注意事项

（1）测点时，除了测特征点外，还应测加密点，以满足计算机建模的需要。

（2）测图单元尽量以自然分界来划分。

（3）尽量用仪器直接实测。

（4）跑尺员与观测员应及时互通信息，以确保数据记录的真实性。

（5）做好详细记录，不要把疑点带到内业中处理。

（6）若绘草图，则须标明测点的属性。

5.采集信息传输

野外数据采集后，用通信电缆线连全站仪与计算机或连外接记录簿与计算机，将采集的碎部点的三维坐标(X,Y,H)传入计算机，并以文件的形式保存。

拓展与提高

CASS 软件绘制地形图
（以南方 CASS10.0 成图系统为例）

（一）采集和传输数据

利用全站仪完成测区内各碎步测点数据采集后，将全站仪内存储的数据传输到计算机中。数据文件扩展名为"＊.dat"，文件中的每一行数据代表一个碎步测点的坐标及高程，其单位均为 m，编码为测图代码。数据中存在高程误差较大的碎步测点，可直接将该点的高程数据删除，保留坐标数据。

（二）在 CASS 软件中展点号和高程

（1）双击计算机桌面 CASS 软件系统图标，启动软件。

(2)单击标题栏中"绘图处理(W)"下拉菜单"定显示区",利用这个功能来控制显示区域,这样所有的采集数据都显示在此区域内。

(3)单击标题栏中"绘图处理(W)"下拉菜单"展野外测点点号",打开找到所要绘制地形图的数据文件。数据文件选择后,需在软件界面左下角输入比例尺,如输入"1 000",再按回车键,打开后如图7-2-1所示。系统默认输入为"500",若比例尺为500,则直接按回车键。此时计算机屏幕上显示的仅为碎步测点的点位和点号。

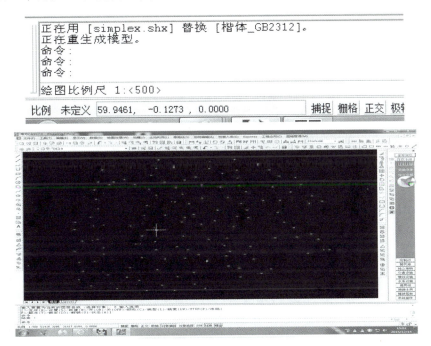

图7-2-1 野外采集数据导入成图

(4)单击标题栏中"等高线(S)"下拉菜单"建立DTM",出现如图7-2-2所示对话框。

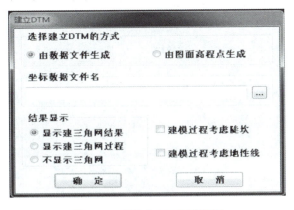

图7-2-2 "建立DTM"对话框

选择"由数据文件生成",再单击 ⋯ ,出现如图 7-2-3 所示对话框。

图 7-2-3　选择数据文件

选择数据文件后,单击"打开"按钮,回到初始对话框,如图 7-2-4 所示。

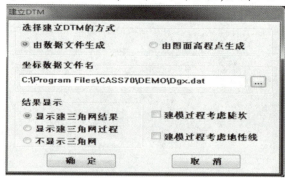

图 7-2-4　选择后的"建立 DTM"对话框

再单击"确定"按钮,建好三角网,如图 7-2-5 所示。

图 7-2-5　建好的三角网

（三）绘制地形图

（1）根据实地测量时绘制的工作草图，用CASS软件中的绘图工具和符号，将相应的点位连接起来，如房屋、桥梁、道路、植被、鱼塘、河流、高（低）压线路等，如实反映在所绘制的地形图上。

（2）单击标题栏中"等高线（S）"下拉菜单"绘制等高线"，出现如图7-2-6所示对话框。合理选择等高距，默认为1 m，再单击"确定"按钮，等高线自动绘制完成，如图7-2-7所示。

图7-2-6　"绘制等高线"对话框

图7-2-7　自动绘制完成的等高线

（3）单击标题栏中"等高线（S）"下拉菜单"删三角网"，等高线初步绘制完成，如图7-2-8所示。

图7-2-8　删三角网后的等高线

（4）局部手工编辑和修改等高线,如各种文字的注记、高程的注记、符号的配置、图廓的修饰等,使修改后的等高线符合实际地形地貌的要求。

（四）绘制图框

单击标题栏中"绘图处理（W）"下拉菜单"标准图幅 50×50 cm",出现如图 7-2-9 所示对话框。输入相关信息,如图名等,单击"确认"按钮,完成地形图绘制,如图 7-2-10所示,并保存退出。

图 7-2-9 "图幅整饰"对话框

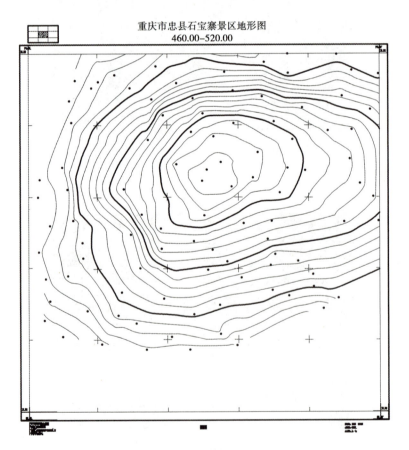

图 7-2-10 数据成图

思考与练习

1.测图时,立尺点应如何选择?

2.测图中,如何提高测图的准确性?

任务三　掌握大比例尺地形图的应用

任务描述与分析

地形图包含丰富的信息,是工程建设的重要依据。正确识读和应用地形图,是工程技术人员必须具备的基本技能。

本任务的具体要求是:能从地形图中找出地形图相关信息;能运用地形图求点的高程、坐标,求两点间的水平距离、坡度等。

方法与步骤

1.识读地形图图廓内外信息;
2.掌握地形图的基本应用。

知识与技能

识读地形图,可得到地面区域内的大量信息资料,从而了解区域内的所有概况,便于利用。

(一)读图廓之外的各项信息

(1)认识图廓线之外的图名、图号和接合图等,从而了解本幅图的归属情况。

(2)认识图廓线之外的比例尺,从而了解该图与实地的比例关系。

(3)认识地形图左下角的坐标系统、高程系统、等高距等信息,从而在使用地形图时获取该地形图的坐标和高程值。

(4)认识地形图图式的版本及成图方法,了解测绘和成图年月等的信息,便于识读地形图时取用相应的图式版本以及了解图的新旧情况。

(二)读图内各地形要素

图内的地形要素有 6 个方面,基本可按居民地、交通网、水系、境界、土壤植被和地貌顺序识读,也可根据需要进行有关识读。

1.居民地

首先应统观全幅图的居民地分布情况,了解城市、集镇、村庄的大小及散落的村舍。居民地大小可从其范围、街区形状、密集程度以及地名注记知其概况。了解图幅内居民地的分布规律,是沿交通线分布还是沿水系分布。从居民地建筑物的符号可分析是以耐火坚固的房屋为主,还是非耐火的一般建筑物为主。从楼层注记可知建筑物的高低情况。

2.交通网

连接居民地之间往来的是道路。道路有不同的等级,从交通网所用的符号可知铁路、公路(有沥青、混凝土路面的主要公路或碎石的普通、简易公路)、土路、乡村路以及小路的分布。

3.水系

图幅内的水系可能有江、河、湖泊、水库、沟渠等,在荒漠地区可能还有散落的泉、井、储水池等,从中可了解农田的供水情况,人、牲畜的饮用水来源。

4.土壤植被

除上述四类地物之外,图幅内的地面还表示了土壤的性质,可能是沼泽地、盐碱地、沙丘地、戈壁等难以开发利用的地区。除土壤的表示外,地面还有覆盖物的表示符号,如稻田、旱地、经济作物等农业用地,以及树林、灌木林、竹地、草地等,从而可知区域内土地开垦利用情况。

识读以上地物情况后,可得知图幅内的工、农业以及一般社会概况,从而便于规划利用。

5.地貌

图幅内的等高线形态反映了地面的起伏情况。从等高线的疏密、形态、注记,可知图幅内哪里是平地,哪里是山地或丘陵地,从注记可知最高、最低所在处以及高差大小,坡度陡缓等情况。

比例尺较大,同幅面地形图反映的实地范围较小,反映地表情况越详细。实际工作中,应根据使用精度要求,选择合适的地形图。

(三)求某点的平面坐标

以求图 7-3-1 中 p 点的平面坐标 (x_p, y_p) 为例,介绍如何求地形图上某点的平面坐标。

首先找出 p 点所在方格的角点 a、b、c、d 并连线,确定 a 点的平面坐标 (x_a, y_a)。过 p 点作与 X、Y 方向的平行线,分别交方格边线于 e、f 两点,分别量出 af、ae 的长度,则

$$x_p = x_a + af \cdot M$$
$$y_p = y_a + ae \cdot M$$

式中　M——地形图比例尺分母。

从图 7-3-1 可知,a 点坐标为(16 100,12 100)。实量 af=6.81 cm,ae=3.55 cm,则

$$x_p = 16\ 100 + 0.068\ 1 \times 1\ 000 = 16\ 168.1\ (\text{m})$$
$$y_p = 12\ 100 + 0.035\ 5 \times 1\ 000 = 12\ 135.5\ (\text{m})$$

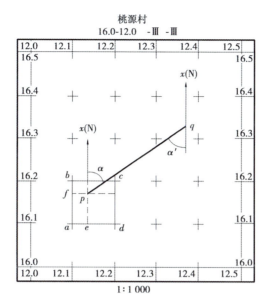

图 7-3-1　地形图上杳点的坐标

（四）求两点间的水平距离 D_{pq}

1.利用两点的坐标值计算

如利用 p、q 两点的坐标值,则两点间的水平距离可按下式计算,即

$$D_{pq}=\sqrt{(x_q-x_p)^2+(y_q-y_p)^2}$$

2.直接用尺量取

用直尺量得纸质图上 p、q 两点间的长度 d_{pq},则两点间的水平距离可按下式计算,即

$$D_{pq}=d_{pq}\cdot M$$

式中　M——地形图比例尺分母。

3.由图式比例尺读取

用分规直接在纸质图上卡出 p、q 两点的张开长度,然后将分规移至直线比例尺上,使分规一针脚落在一基本分划线上,另一个针脚落在细分划线内,读出两数的和,即为 D_{pq}。

（五）求直线的坐标方位角

如图 7-3-2 所示,求地形图中直线 pq 的坐标方位角 α_{pq}。

1.利用两点的坐标值计算

利用 p、q 两点的坐标,求得坐标增量 $(\Delta x_{pq},\Delta y_{pq})$,由 $\tan R_{pq}=\dfrac{|\Delta y_{pq}|}{|\Delta x_{pq}|}$ 求得 R_{pq},再将象限角 R_{pq} 换算成方位角 α_{pq}。

2.用量角器直线量取

过 p 点及 q 点各作平行纵轴方向的平行线 $px(\mathrm{N})$、$qx(\mathrm{N})$,然后将量角器中心点置于 p 点

及 q 点,0°分划线分别对准 $px(N)$ 线、$qx(N)$ 的反方向线,直接量得 α 及 α',则

$$\alpha_{pq} = \frac{\alpha+\alpha'}{2}$$

式中　α——直线 pq 的方位角读数;

α'——pq 直线的反方位角,已减去 180° 的值,如图 7-3-2 所示。

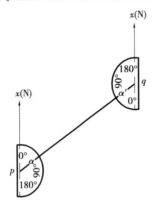

图 7-3-2　地形图上查点的坐标方位角　　　　图 7-3-3　地形图上查点的高程

(六)求某点的高程

地形图上某点的高程,由图幅内的等高距和点所在的邻近等高线决定。

如图 7-3-3 所示,该幅图的等高距为 1 m,求 p、q 高程。

(1)p 点位于 114 m 等高线上,同一条等高线上各点高程相等,故 $H_p = 114.0$ m。

(2)q 点位于某两条等高线之间。先过 q 点作一条与相邻两条等高线垂直的垂线 ab,再量取 ab、aq 及 bq 的长度,则有:

$$H_q = 116.0 + \frac{10.9}{15.6} \times 1.0 = 116.7 \ (\text{m})$$

或

$$H_q = 117.0 - \frac{4.7}{15.6} \times 1.0 = 116.7 \ (\text{m})$$

在实际工作中,求 q 点的高程往往按上述高差与平距成比例的关系,直接目读。

(七)求直线的平均坡度

地面直线的坡度是直线两端点的高差与其水平距离之比,坡度一般用 i 表示,即

$$i = \frac{h}{D} = \frac{h}{d \cdot M}$$

式中　h——直线两端点高差;

D——直线实地水平距离;

d——图上两点间长度;

M——地形图比例尺分母。

由于地面起伏不均匀,所求坡度起止点距离较远,不是等倾斜状态。地形图上等高线间的

平距一般也不相等,故所求坡度为直线的平均坡度。

图 7-3-3 中,求直线 pn 间的平均坡度 i_{pn}。从图上求得 $H_p = 114.0$ m, $H_n = 118.6$ m, $d_{pn} = 7.64$ cm,该地形图比例尺为 $1:2\,000$。则

$$D = d_{pn} \cdot M = 0.076\ 4 \times 2\ 000 = 152.8\ (\text{m})$$

$$h_{pn} = H_n - H_p = 118.6 - 114.0 = +4.6\ (\text{m})$$

$$i_{pn} = \frac{+4.6}{152.8} = +3\%$$

坡度往往用百分率、千分率或分子为 1 的形式表示。高差有正、负,坡度也有正、负。正坡度呈上升状态,负坡度呈下降状态。

在数字化地形图上,打开查询功能可直接查询点的坐标、高程、两点间的水平距离、直线方位角、直线坡度等。

拓展与提高

根据地形图绘制断面图

(一)地形断面图的作用

从地形断面图上,可以了解剖切面地面起伏变化状态,为概算挖填方量提供依据,确定设计线路的设计坡度。

(二)绘制地形断面图的方法

如图 7-3-4 所示,沿 AB 方向画断面图,其步骤为:

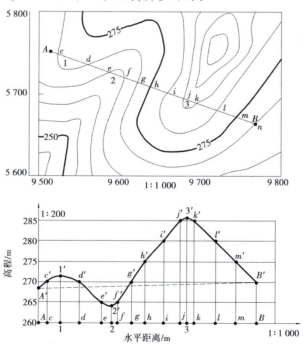

图 7-3-4 根据等高线绘制断面图

（1）绘制纵（高程）、横（水平距离）坐标轴。根据 AB 两点间地面高程、等高距等情况，合理确定纵轴起始高程，将 AB 两点水平距离按一定比例落到横轴上。

（2）标出 AB 与等高线的交点 c,d,e,f,g,h,i,j,k,l,m。

（3）依次量取各点与 A 点的距离，按一定比例标在横轴上，过标定点做横轴的垂线。

（4）在各垂线上截取对应点高程，得交点 c',d' 等。

（5）用光滑曲线连接各交点，得地面上 AB 方向线的断面图。

注意：断面线上 c' 与 d'、e' 与 f'、j' 与 k' 不可连成直线，因为不是均匀坡，要体现出地面的起伏，按倾势顺延后光滑连接。

 思考与练习

1.在 1∶1 000 的地形图上，方格网的边长是 10 cm，所代表的实际水平距离是多少？

2.地形图上的水平距离、斜距、实际距离相同吗？三者在空间上是什么关系？最长与最短是哪个？

3.在 1∶1 000 的地形图上，量得 AB 两点间的高差为 0.586 m，平距为 5.86 cm，则 AB 两点连线的坡度是多少？

4.在 1∶5 000 的地形图上，求得图上两点的长度为 18 cm，高程 $H_A = 418.3$ m，$H_B = 416.5$ m，则 AB 直线的坡度是多少？

5.地形图上 A 点（$X_A = 221.54$，$Y_A = 606.03$，$H_A = 123.358$）、B（$X_B = 1\ 276.02$，$Y_B = 917.35$，$H_B = 230.232$），求：（1）AB 两点间的水平距离；（2）AB 边的坐标方位角；（3）AB 直线坡度。

 **考核与鉴定七**

（一）单项选择题

1.地表面高低起伏的形态称为（　　　　）。

　A.地表　　　　　　　B.地物　　　　　　　C.地理　　　　　　　D.地貌

2.地形图上相邻两基本等高线之间的高差称为（　　　　）。

　A.地等高线平距　　　B.等高距　　　　　　C.等高差　　　　　　D.等高线距离

3.同一幅地形图中等高距相同,标注在图纸的（　　　　）。

　A.东南角　　　　　　B.东北角　　　　　　C.西南角　　　　　　D.西北角

4.等高线平距越小,等高线越密,表示地面坡度越（　　　　）。

　A.陡　　　　　　　　B.缓　　　　　　　　C.高　　　　　　　　D.小

5.下列地形图上表示的要素中,属于地物的是（　　　　）。

　A.平原　　　　　　　B.丘陵　　　　　　　C.山地　　　　　　　D.河流

6.四周高而中间低洼,形如盆状的地貌称为盆地,小范围的盆地是（　　　　）。

　A.坑洼　　　　　　　B.陡坡　　　　　　　C.陡坎　　　　　　　D.坡地

7.某两点间的高差为 2.5 m,水平距离为 85 m,则两点间的坡度为（　　　　）。

　A.2.9%　　　　　　　B.1.9%　　　　　　　C.2.5%　　　　　　　D.4.5%

8.在 1∶1 000 的地形图上,A、B 两点间的距离为 3.6 cm,则 A、B 两点间水平距离为（　　　　）m。

　A.3.6 m　　　　　　　B.36 m　　　　　　　C.360 m　　　　　　　D.16 m

9.在地形图上,量得 A 点高程为 21.17 m,B 点高程为 16.84 m,AB 的平距为 279.50 m,则直线 AB 的坡度为（　　　　）。

　A.6.8%　　　　　　　B.1.5%　　　　　　　C.−1.5%　　　　　　　D.−6.8%

（二）多项选择题

1.地物符号分为（　　　　）。

　A.比例符号　　　　　B.非比例符号　　　　C.线形符号　　　　　D.注记符号

2.等高线分为（　　　　）。

　A.计曲线　　　　　　B.首曲线　　　　　　C.间曲线　　　　　　D.助曲线

3.地形图有下列运用（　　　　）。

　A.一点平面坐标的测量　　　　　　　　　B.直线真方位角的测量

　C.两点间水平距离的测量　　　　　　　　D.一点的高程测量

4.数字化测图的特点有（　　　　）。

　A.自动化　　　　　　B.数字化　　　　　　C.高精度　　　　　　D.速度快

5.数据采集时,立尺点应选择在（　　　　）。

　A.山脊坡度变化点　　　　　　　　　　　B.道路的拐弯点

　C.房屋转角点　　　　　　　　　　　　　D.井盖中心

6.数字化采集的数据信息包括（　　　　）。

　A.点号　　　　　　　　　　　　　　　　B.点的坐标

　C.点的高程　　　　　　　　　　　　　　D.房屋的建筑年限

(三)判断题

1.地形图主要反映地物和地貌。   (   )

2.数字比例尺比值越大,比例尺越大,反映地物、地貌越详细。   (   )

3.比例尺越大,用比例符号描述的地物就越多,用非比例符号就越少。   (   )

4.等高线上各点的高程不相等。   (   )

5.地形图上 0.1 mm 所代表的实际水平距离称为比例尺精度。   (   )

6.一组闭合的等高线是山丘还是盆地,可根据等高线注记来判断。   (   )

7.地形图上没有指北针,则可根据图上坐标格网方向判定南北方向。   (   )

8.地形图上等高线稀疏,表示实地的地势陡峭。   (   )

模块八　建筑施工测量

施工中,需要根据设计图纸所给定的信息,在地面上或者建筑物上做出符合一定精度要求的标志,这就是建筑施工测量。它是工程建设施工中重要的工作之一,与工程建设质量有着密切关系。本模块主要学习建筑施工测量,主要有四个任务,即建筑场地施工控制测量、民用建筑施工测量、变形观测和竣工总平面图的编绘。

学习目标

(一)知识目标

1.能掌握施工场地控制测量的基本方法;
2.能掌握民用建筑施工测量的方法和要求;
3.能掌握变形观测的方法和要求;
4.能掌握编制竣工总平面图的内容和方法。

(二)技能目标

1.能熟练运用经纬仪(全站仪)测设点的平面位置和高程;
2.能熟练运用经纬仪(全站仪)进行施工测量;
3.能运用经纬仪(全站仪)进行变形观测;
4.能编制竣工总平面图。

(三)职业素养目标

1.具有严谨、认真的学习态度;
2.具有良好的团队合作意识、劳动意识。

任务一　建筑场地施工控制测量

任务描述与分析

工程建设破土动工前,测量工程师需运用相关仪器,根据设计图纸将拟建建筑物坐落位置标定到建筑场地。因此,我们必须了解建筑场地施工控制测量的方法和技能。

本任务的具体要求是:了解施工过程中工程测量的种类;了解工程测量的基本要求;能根据建筑场地实际情况,建立合适的施工控制网。

方法与步骤

1.认识施工测量;

2.学习施工场地平面控制测量;

3.学习施工场地高程控制测量。

知识与技能

(一)施工测量概述

在施工阶段所进行的测量工作称为施工测量,需要把图纸上建(构)筑物的平面位置和高程,测设(放样)到相应的施工场地上,作为施工的依据。施工中,通过测量以指导和衔接各施工阶段和各工种间的施工。

1.建筑施工测量的原则和过程

建筑施工测量必须遵循"从整体到局部,先控制后碎部"的工作组织原则。首先根据设计要求在建筑场地逐级建立控制网,再根据控制网测设建筑物的轴线,最后由所定轴线测设建筑物的基础、墙、柱、梁、屋面等细部位置。

2.施工测量的主要内容

(1)施工前建立与工程相适应的施工控制网。施工控制网分为平面控制网和高程控制网。

(2)建(构)筑物的放样及构件与设备安装的测量,以确保施工质量符合设计要求。

(3)检查和验收工作。每道工序完成后,通过测量检查工程各部位的实际位置和高程是否符合要求;根据测量情况,编绘竣工图和资料,作为验收时鉴定工程质量和工程交付后管理、维修、扩建、改建的依据。

(4)变形观测工作。根据施工进度,测定建(构)筑物的位移和沉降情况,判断工程建设质量,了解建筑物的稳定性。

3.施工测量的特点

(1)施工测量为工程施工服务,必须与施工组织计划相协调。测量人员必须了解设计内容、性质及其对测量工作的精度要求,随时掌握工程进度及现场变动。

(2)建(构)筑物的大小、性质、用途、材料、施工方法等因素决定施工测量的精度。一般高层建筑施工测量精度高于底层建筑,装配式建筑施工测量精度高于非装配式,钢结构建筑施工测量精度高于钢筋混凝土结构建筑。

(3)现场各道工序交叉作业,材料堆码、场地变动及施工机械的振动,使测量标志极易被破坏,测量标志从形式、选点到埋设均应考虑,便于使用、保管和检查,如有破坏,应及时恢复。

(二)施工场地平面控制测量

1.施工平面控制网

施工平面控制网可以布设成三角网、导线网、建筑方格网和建筑基线4种形式,需根据总平面图和施工场地的地形条件确定平面控制网。

(1)建筑基线适用于地势平坦且又简单的小型施工场地。

(2)建筑方格网适用于建筑物多为矩形且布置比较规则和密集的施工场地。

(3)三角网适用于地势起伏较大,通视条件较好的施工场地。

(4)导线网适用于地势平坦,通视又比较困难的施工场地。

2.建筑基线

建筑基线是建筑场地施工控制的基准线,适用于建筑场地面积小、地势较为平坦而狭长的建筑场地。

1)建筑基线布设形式

建筑基线的布设形式应根据建筑物的分布、施工场地地形等因素来确定。常用的布设形式有"一"字形、"L"形、"T"形和"十"字形,如图8-1-1所示。

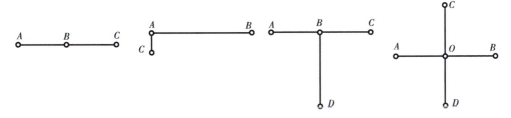

图 8-1-1　建筑基线布设形式

2)建筑基线的布设要求

(1)尽可能靠近拟建的主要建筑物,并与其主要轴线平行,以便使用比较简单的直角坐标法进行建筑物的定位。

(2)基线点应不少于三个,以便相互检核。

(3)应尽可能与施工场地的建筑红线或者已有建筑物相联系。

(4)基线点位应选在通视良好和不易被破坏的地方,为能长期保存,要埋设永久性的混凝土桩。

3）建筑基线的测设方法

（1）根据建筑红线测设建筑基线。测绘部门测定的建筑用地边界线，称为建筑红线。在城市建设区，建筑红线可用作建筑基线测设的依据。如图 8-1-2 所示，AB、AC 为建筑红线，1、2、3 为建筑基线点，利用建筑红线测设建筑基线的方法如下：

首先，从 A 点沿 AB 方向水平量取 d_2 定出 P 点，沿 AC 方向水平量取 d_1 定出 Q 点。

然后，过 B 点作 AB 的垂线，沿垂线方向水平量取 d_1 定出 2 点，并做出标志；过 C 点作 AC 的垂线，沿垂线方向水平量取 d_2 定出 3 点，做出标志；用细线拉出水平直线 P3 和 Q2，两条直线的交点为 1 点，做出标志。

最后，在 1 点安置经纬仪（全站仪），精确观测 ∠213，其与 90° 的差值应小于 ±20″。

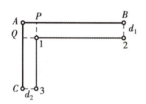
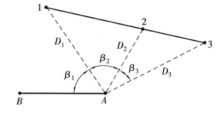

图 8-1-2　根据建筑红线测设建筑基线图　　图 8-1-3　根据控制点测设建筑基线

（2）根据已有控制点测设建筑基线。利用附近已有控制点的坐标与建筑基线的设计坐标，用极坐标法测设建筑基线。如图 8-1-3 所示，A、B 为附近已有控制点，1、2、3 为选定的建筑基线点。测设方法如下：

首先，根据已知控制点和建筑基线点的坐标，计算出测设数据 β_1、D_1、β_2、D_2、β_3、D_3。

然后，在 A 点安置经纬仪（全站仪），按极坐标法测设 1、2、3 点。

最后，在 A 点安置经纬仪（全站仪），精确观测 ∠123，其与 180° 的差值应小于 ±15″；用钢尺检查 D_{12} 及 D_{23} 的距离，其误差应小于 1/10 000。若差值超出限定值，则需重测。

3.建筑方格网

在大中型施工场地，由正方形或矩形组成的施工控制网，称为建筑方格网，或称矩形网，如图 8-1-4 所示。

建筑方格网布设原则：根据总平面图上各建（构）筑物、道路及各种管线的布置，结合现场的地形条件确定。

建筑方格网的测设程序：测设主轴线→测设方格网点。

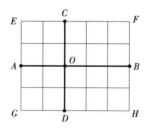

图 8-1-4　建筑方格网

（1）测设主轴线。图 8-1-4 中，主轴线 AOB 和 COD 由 5 个主点 A、B、C、D、O 组成，按照建筑基线的测设方法测设并检查主轴线 AOB 和 COD。若不能满足精度要求，应重新测设。

（2）测设方格网。分别在 A、B、C、D 点安置经纬仪（全站仪），后视主点 O，向左右测设 90° 水平角，测设 E、F、G、H 点。

（3）测量相邻两点间的距离与计算值比较，检查其几何关系及精度。若不能满足精度要求，应重新测设。如合格，埋设永久性标志。

其他网格点，可在此基础上加密。

（三）施工场地高程控制测量

建筑施工场地的高程控制测量多采用水准测量方法，建立高程控制网。高程控制网分为首级网、加密网两级。首级网由基本水准点构成，加密网由施工水准点构成。加密网精度低，由首级网加密测量得到。建筑基线点、建筑方格网点及导线点可兼作高程控制点。

基本水准点应布设在土质坚实、不受振动影响、不影响施工的地方，根据建筑场地附近的国家级水准点测得。施工水准点直接用于测设建筑物高程，应靠近建筑物，由基本水准点测得。

设计时，常以底层室内地坪高程作为高程起算面，设为±0.000。为引测方便，常将水准点引测至室内或附近，用"▼"标注在建筑物墙体、柱身的侧面。"▼"顶端表示±0.000位置。

 ## 拓展与提高

（一）在地面上测设已知高程

根据已知水准点，将设计的高程测设到现场作业面上，称为测设已知高程。

如图8-1-5所示，某建筑物室内地坪设计高程为223.5 m，附近有一水准点BM_5，其高程$H_5 = 222.750$ m。要求把该建筑物的室内地坪高程测设到木桩A上，作为施工时控制高程的依据，其步骤如下：

（1）在水准点BM_5与木桩A之间安置水准仪，在BM_5处立水准尺，精确测得后视a读数，假设为1.383 m，此时水准仪视准轴高程为：$222.750 + 1.383 = 224.133$（m）。

（2）计算A点水准尺尺底为室内地坪高程时的前视读数：$b = 224.133 - 223.5 = 0.633$（m）。

（3）上下移动竖立在木桩A侧面的水准尺，直至水准仪中横丝与水准尺0633对齐，紧靠尺底在木桩A侧面画上一水平线，其高程即为223.5 m。

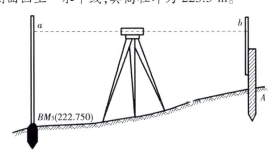

图8-1-5　已知高程测设

（二）高程传递

当向较深的基坑或较高的建筑物上测设已知高程点时，如水准尺长度不够，可利用钢尺向下或向上引测。

如图 8-1-6 所示,欲在深基坑内确定一点 P,使其高程为 $H_设$,附近有一水准点 A。具体方法如下:

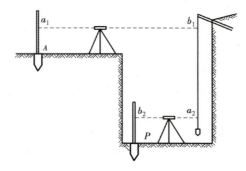

图 8-1-6　将高程测设到坑内

(1)在基坑一边架设吊杆,杆上吊一根零点向下的钢尺,尺的下端挂上 5 kg 的重锤。

(2)在地面安置一台水准仪,设水准仪在 A 点所立水准尺上读数为 a_1,在钢尺上读数为 b_1。

(3)在坑底安置另一台水准仪,设水准仪在钢尺上的读数为 a_2。

(4)计算 B 点水准尺尺底高程为 $H_设$ 时,B 点处水准尺的读数应为:

$$b_2 = (H_A + a_1) - (b_1 - a_2) - H_设$$

思考与练习

1.施工测设的基本工作是什么? 各项工作需要哪些仪器?

2.施工控制测量时,为什么要建立施工控制网?

3.施工控制测量中,平面控制测量有哪些方法?

任务二　民用建筑施工测量

 任务描述与分析

施工测量是工程能否如期开工以及顺利进行的关键所在,是一项必不可少的技术管理环节,对工程质量和进度起着决定性的作用。我们必须掌握相应的测量方法,保证测量的准确性。

本任务的具体要求是:了解建筑施工测量前的准备工作;能根据设计数据标定拟建建筑物的位置;能根据设计准确放线;能根据建筑施工过程中的各种要求选择合适的测量方法,准确实施工程施工测量。

 方法与步骤

1.测量前的准备工作;
2.建筑物定位和放线;
3.基础施工测量;
4.墙体施工测量。

 知识与技能

民用建筑按使用功能,分为住宅、办公楼、食堂、俱乐部、医院和学校等建筑物。民用建筑施工测量的主要任务包括建筑物的定位和放线、基础工程施工测量、墙体工程施工测量及高程传递等。

(一)测量前的准备工作

(1)识读建筑物的设计图纸,了解拟建建筑物与相邻地物的相互关系,建筑物的尺寸和施工要求等,并仔细核对各设计图纸有关尺寸。
- 从总平面图中,查找拟建建筑物与原有建筑物的平面位置关系和高程关系;
- 从建筑平面图中查找建筑物总体尺寸、内部各定位轴线之间的关系;
- 从基础平面图中查找基础边线与定位轴线的平面尺寸;
- 从基础详图中查找基础立面尺寸、设计标高,以确定基础高程;
- 从建筑物立面图、剖面图中查找基础、地坪、门窗、楼板、屋架和屋面等设计高程。

(2)全面了解现场情况,对施工场地上的平面控制点和水准点进行检核。
(3)对施工场地进行整理。
(4)根据设计要求、定位条件、现场地形和施工方案等因素,制订测设方案,包括测设方法、测设数据计算和绘制测设略图。

（5）对测设所使用的仪器和工具进行检核，使之满足精度要求。

（二）建筑物定位和放线

1.建筑物定位

将建筑物外轮廓各轴线交点（简称角桩，即图 8-2-1 中的 M、N、P 和 Q 点）测设在地面上，作为基础放样和细部放样的依据，称为建筑物的定位。可根据原有建筑物测设拟建建筑物，也可利用建筑方格网、建筑基线采用直角坐标法进行定位。下面介绍根据原有建筑物定位拟建建筑物。

如图 8-2-1 中，宿舍楼为原有建筑物，教学楼为拟建建筑物，两建筑物外墙相距 14.000 m，拟建建筑物外墙面距离定位轴线 0.24 m，两建筑物南墙面齐平。

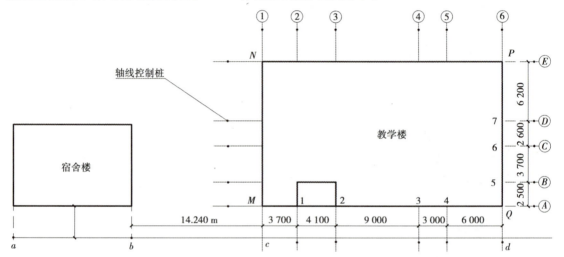

图 8-2-1　建筑物的定位和放线

（1）用钢尺沿宿舍楼的东、西墙，延长出一小段距离 l 得 a、b 两点，做出标志。

（2）在 a 点安置经纬仪，瞄准 b 点，并从 b 沿 ab 方向量取 14.250 m，定出 c 点，做出标志；继续沿 ab 方向从 c 点量取 25.800 m，定出 d 点，做出标志，cd 线就是测设教学楼平面位置的建筑基线。

（3）分别在 c、d 两点安置经纬仪（全站仪），瞄准 a 点，顺时针方向测设 90°，沿此视线方向量取距离 l+0.240 m，定出 M、Q 两点，做出标志；再继续量取 15.000 m，定出 N、P 两点，做出标志。M、N、P、Q 四点即为教学楼外廓定位轴线的交点。

（4）检查 NP 的距离是否等于 25.800 m，$\angle N$ 和 $\angle P$ 是否等于 90°，其相对误差应在允许范围内。

目前，常用基础形式为桩基础，挖桩方式为机械挖桩。场地平整后，先根据设计确定各桩轴心位置，作为机械钻孔桩施工依据。桩孔成型浇筑基桩后，再开挖桩与桩之间的连系梁坑槽，最后浇筑连系梁，回填地坪，地基完成。

2.建筑物的放线

根据已定位的外墙轴线交点（角桩），详细测设出建筑物各轴线的交点（称为中心桩），再根据交点桩用白灰撒出基槽井挖边界线。

1)在外墙轴线上测设中心桩

（1）如图8-2-1所示，在M点安置经纬仪（全站仪），瞄准Q、N点，用钢尺沿MQ方向量出相邻两轴线间的距离，定出1，2，3，…各点，同理可定出5、6、7各点。

（2）量距精度应达到设计精度要求。量出各轴线之间距离时，钢尺零点要始终对在同一点上。

2)恢复轴线位置的方法

基槽开挖中，角桩和中心桩常常被挖掉。为便于轴线回复，应把各轴线延长到基槽开挖线以外的安全地点，并做好标志。基槽开挖后，根据基槽外轴线延长线，再恢复被挖掉的轴线。其方法有设置轴线控制桩法和龙门板法两种形式。

（1）设置轴线控制桩法。在基槽外轴线延长线2~4 m处钉立木桩，然后在木桩顶面钉上小钉，准确标定轴线位置，并用混凝土包裹木桩下部，防止木桩位移，如图8-2-2所示。如附近有建筑物，亦可把轴线投测到建筑物上，用红油漆做出标志，以代替轴线控制桩。

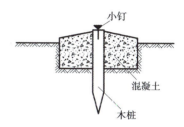

图 8-2-2　轴线控制桩

（2）设置龙门板法。施工中，常将各轴线引测到基槽外的水平木板上。水平木板称为龙门板，固定龙门板的木桩称为龙门桩，如图8-2-3所示。

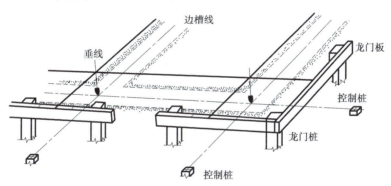

图 8-2-3　龙门板

● 在拟建建筑物四角、隔墙两端，基槽开挖边界线以外1.5~2 m处，设置龙门桩。龙门桩要竖直、牢固，其外侧面与基槽平行。

● 再根据施工场地的水准点，用水准仪在每个龙门桩外侧测设出该建筑物室内地坪设计高程线（即±0.000标高线），并做出标志。

● 将龙门板用小钉固定到龙门桩上，使龙门板顶面与±0.000标高线齐平。用水准仪校核龙门板的高程，如有差错应及时纠正，其允许误差为±5 mm。

● 用拉线过两控制桩的方式将轴线投测到龙门板上，钉上小钉做出标记（称为轴线钉）。轴线钉定位误差应小于±5 mm。

● 用钢尺沿龙门板的顶面，检查轴线钉的间距，其相对误差不超过1/2 000。检查合格后，以轴线钉为准，将墙边线、基础边线、基础开挖边线等标定在龙门板上。

(三) 基础施工测量

1.基础开挖线的确定

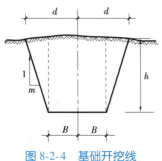

图 8-2-4　基础开挖线

基础开挖之前,先按基础剖面图的设计尺寸,计算基槽口的 1/2 开挖宽度 d,然后根据所放基础轴线在地面上放出开挖边线,并撒白灰,如图 8-2-4 所示。1/2 开挖宽度按下式计算:

$$d=B+mh$$

式中　B——1/2 基础底宽,可由基础剖面图查取;

　　　h——挖土深度;

　　　m——挖土边坡的分母。

2.基槽抄平

建筑施工中的高程测设,又称为抄平,如图 8-2-5 所示。

为控制基槽的开挖深度,当基槽开挖接近槽底设计标高时,用水准仪根据地面上 ±0.000 m 点,在槽壁每隔 3~5 m 及转角处测设一些水平小木桩,使木桩的上表面距离槽底的设计标高为一固定值。水平桩将作为挖槽深度、修平槽底和打基础垫层的依据。

如图 8-2-5 所示,槽底设计标高为 −1.700 m,欲测设比槽底设计标高高 0.500 m 的水平桩,测设方法如下:

(1)在地面适当地方安置水准仪,在 ±0.000 m 标高线位置竖立水准尺,读取后视读数 a(假设为 1.365)。则水平桩顶面立尺读数 $b_{应}=1.365+1.700-0.500=2.565$（m）。

(2)在槽内一侧竖立水准尺,并上下缓慢移动,直至水准仪中丝读数为 2.565 m 时,沿水准尺尺底在槽壁打入一小木桩,使水平木桩顶面与水准尺底面齐平。

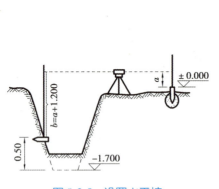

图 8-2-5　设置水平桩

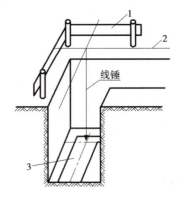

图 8-2-6　垫层中线的投测
1—龙门板;2—细线;3—垫层

3.垫层中线投测

基础垫层打好后,根据轴线控制桩或龙门板上的轴线钉,用拉细绳挂线垂的方法,把轴线投测到垫层上,再用墨线弹出地梁中心线和边线,作为基础施工的依据,如图 8-2-6 所示。

所测设中线及边线是修建基础的准线,是确定建筑物位置的关键环节,因此需严格校核后方可进行砌筑施工。

4.基础墙标高控制

房屋基础墙是指±0.000 m 以下的砖墙,其标高一般用基础皮数杆来控制,如图 8-2-7 所示。

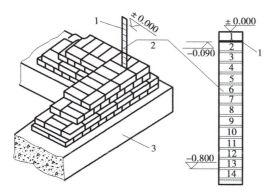

图 8-2-7　基础墙标高的控制
1—防潮层;2—皮数杆;3—垫层

(1)按照设计尺寸,将砖、灰缝厚度、±0.000 m 和防潮层的标高位置,标注在一根木制的杆子上,制成基础皮数杆。

(2)在各基础墙体转角处打一木桩,用水准仪在木桩侧面定出一条高于垫层 100 mm 的水平线,然后将皮数杆上标高相同的一条线与木桩上的水平线对齐,并用铁钉将皮数杆与木桩固定在一起,作为基础墙施工标高依据。

(3)基础墙施工后,检查基础面标高是否符合设计要求(也可检查防潮层)。可用水准仪测出基础面上若干点的高程,和设计高程比较,允许误差为±10 mm。

5.基础梁标高控制

基槽垫层浇筑后,在各基础梁转角处打入一木桩,然后根据设计值用水准仪在每个木桩侧面定出地梁的标高,作为基础梁制模标高,以此控制地梁标高。

(四)墙体施工测量

1.墙体定位

(1)基础完成后,利用轴线控制桩、龙门板上的轴线钉或墙边线标志,用经纬仪或拉细绳挂线垂的方法将轴线投测到基础面上或防潮层上。

(2)用墨线弹出各柱轴心及边线(或墙中线和墙边线)。

(3)检查外墙轴线交角是否等于90°。

(4)把墙轴线延伸并画在外墙基础上,如图 8-2-8 所示,作为向上投测轴线的依据。

(5)把门、窗和其他洞口的边线,也在外墙基础上画出。

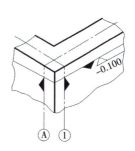

图 8-2-8　墙体定位

2.墙体各部位标高控制

在墙体施工中,墙身各部位标高通常用皮数杆控制。

(1)按照设计尺寸,将±0.000 m、门、窗、楼板等的标高制成皮数杆,并标明位置,如图8-2-9所示。

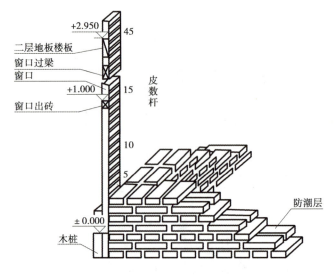

图 8-2-9　墙体皮数杆设置

(2)在各墙体转角处设置一木桩,将皮数杆固定在木桩上,并使皮数杆的±0.000 m 标高与房屋室内地坪标高相吻合。每隔10~15 m 墙体设置一根皮数杆。

(3)当墙身砌起 1 m 以后,就在室内墙身上定出+0.500 m 标高线,以供该层地面施工和室内装修使用。

(4)第二层墙体施工时,用水准仪测出楼板四角的标高,取平均值作为地坪标高,并以此作为二层墙体立皮数杆的依据。

框架结构墙体砌筑是在框架施工后进行,可在柱面画线代替皮数杆。

(五)楼层轴线投测

多层建筑施工中,为保证各层建筑物轴线位置正确,可用吊线垂或经纬仪(全站仪)将各轴线投测到各层楼板边缘或柱顶上。

1.吊线垂法

(1)将线垂悬吊在楼板或柱顶边缘,当线垂尖对准基础墙面上的轴线标志时,线在楼板或柱顶边缘的位置即为楼层轴线端点位置,并画出标志线。

(2)用同样的方法,投测各轴线端点,两端点的连线即为定位轴线。

(3)用墨线弹出各轴线,检核各轴线的间距符合要求后继续施工,并把轴线逐层自下向上传递。

吊线垂法简便易行,不受施工场地限制。当有风或建筑物较高时,投测误差较大,应采用经纬仪(全站仪)投测法。

2.用经纬仪(全站仪)投测轴线

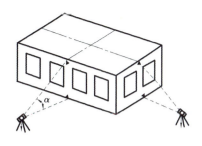

图 8-2-10　经纬仪投测法

(1)如图 8-2-10 所示,在轴线控制桩上安置经纬仪(全站仪),严格对中整平后,用望远镜盘左瞄准基础墙面上的轴线标志,旋紧水平制动螺旋,然后抬高望远镜,照准楼板或柱顶边缘,将望远镜中竖丝在楼板或柱顶边缘位置做好标记。再用望远镜盘右同法在楼板或柱顶边缘再做一个标记。如果两点不重合,取其中点,即为定位轴线的端点。同法投测轴线另一端点,根据两端点弹上墨线,即为定位轴线。

(2)每层楼板应测设长轴线 1 或 2 条,短轴线 2 或 3 条。

(3)用钢尺检核其间距,相对误差不得大于 1/2 000。检查合格后,方可在楼板分间弹线,继续施工。

(六)建筑物高程传递

在多层建筑施工中,要由下层向上层传递高程,以便楼板、门、窗口等的标高符合设计要求。高程传递有以下几种方法:

1.利用皮数杆传递高

一般建筑物可用墙体皮数杆传递高程。

2.利用钢尺直接丈量

对于高程传递精度要求较高的建筑物,通常用钢尺直接丈量来传递高程。对于二层以上的各层,每砌高一层,就从楼梯间用钢尺从下层的"+0.500 m"标高线向上量出层高,测出上一层的"+0.500 m"标高线。这样用钢尺逐层向上引测。

3.吊钢尺法

用悬挂钢尺代替水准尺,用水准仪读数,从下向上传递高程。

 ## 拓展与提高

用经纬仪引测高层建筑物轴线

引测高层建筑物的轴线就是将建筑物基础轴线引测到各楼层面上,以保证各层轴线位于同一竖直面内,从而控制高层建筑物的竖向偏差,有外控法和内控法两种。外控法是在建筑物外部建立轴线控制桩(点),利用经纬仪(全站仪)进行轴线的竖向引测;内控法是在建筑物底楼设立轴线控制点,各层楼板相应位置预留控制点传递孔,用吊线垂法或者激光铅垂仪法,通过预留孔将其点位垂直引测到各楼层。

(一)轴线竖向限差要求

在本层内不超过±5 mm,全楼累计差值不超过±3H/10 000(H 为建筑物总高度),且不应超过:30 m<H≤60 m 时,±10 mm;60 m<H≤90 m 时,±15 mm;90 m<H≤120 m 时,±20 mm;120 m<H≤150 m 时,±25 mm;H>150 m 时,±30 mm。

(二)引测方法

1.建立轴线控制桩(点)

将建筑物主轴线延长至建筑物外地质条件好、通视效果好、不影响施工、安全的地方,建立轴线控制桩 A_1、A_1'、B_1、B_1',如图 8-2-11 所示。

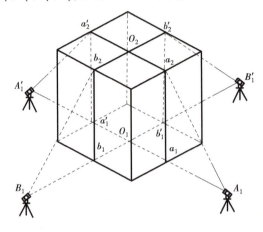

图 8-2-11　投测中心轴线

2.引测建筑物底部主轴线

在 A_1 点上安置经纬仪(全站仪),精确对中整平,用望远镜盘左瞄准 A_1',旋紧水平制动螺旋,然后压低望远镜,照准建筑物底部,将望远镜中竖丝在建筑物位置处做好标记。再用望远镜盘右同法在建筑物位置处做好标记。如果两点不重合,取中点即为 a_1'。同法得到 a_1'、b_1、b_1'。

3.向上投测主轴线

随着建筑物不断升高,要逐层将轴线向上传递。在 A_1 点上安置经纬仪(全站仪),精确对中整平,用望远镜盘左瞄准 a_1,旋紧水平制动螺旋,抬高望远镜,照准建筑物相应楼层外侧,将望远镜中竖丝在楼层外侧处做好标记;再用望远镜盘右同法在建筑物位置处做好标记。如果两点不重合,取中点即为 a_2。同法得到 a_2'、b_2、b_2'。

(三)增设轴线引桩

当楼房逐渐增高,轴线控制桩距建筑物较近时,望远镜的仰角较大,操作不便,投测精度也会降低。为此,要将原中心轴线控制桩引测到更远的安全地方,或者附近大楼的屋面。如图 8-2-12 所示,具体做法是:在已经投测上去的较高层(如第 10 层)楼面轴线

$a_{10}a'_{10}$上安置经纬仪(全站仪),精确对中整平,用望远镜盘左瞄准轴线控制桩A_1,旋紧水平制动螺旋,抬高望远镜,照准远处,将望远镜中竖丝在远处做好标记;再用望远镜盘右同法在远处做好标记。如果两点不重合,取中点即为A_2,固定标志位置。A_2即作为新投测的轴控制桩。同法得到A'_2、B_2、B'_2。

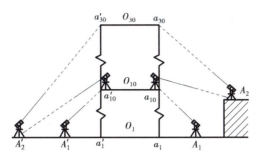

图 8-2-12　引桩投测

更高各层的中心轴线,可根据此法继续进行投测。

思考与练习

1.施工测量中有哪些主要内容?

2.基础施工中,哪个测量环节是确定建筑物位置关系的主要环节?

3.如何实施高程建筑物垂直度观测?

4.在图 8-2-13 中,由已知 A 点测设 P 点高程为 203.500 m,A 点高程 $H_A = 210.335$ m,读数 $a = 1.327$ m,$b_1 = 7.381$ m,$a_2 = 0.657$ m,则 b_2 读数应为多少?

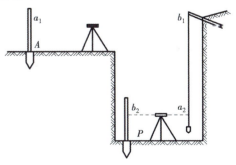

图 8-2-13　思考与练习题图

任务三　变形观测

任务描述与分析

在生活中,房屋等建筑物易因地基受雨水浸泡、冲刷等引起变形;挡土墙受土体横向推力,可能发生位移。这种变形在一定时间、一定限度内,可视为正常现象;若超过一定限度,就会危及建筑物的安全。

本任务的具体要求是:了解变形观测的目的;掌握各种变形观测的方法和具体实施步骤;能根据变形观测得出观测结论。

方法与步骤

1.建筑物沉降观测;
2.建(构)筑物倾斜观测;
3.建筑物裂缝观测。

知识与技能

随着施工的不断推进,建筑物基础承受的荷载不断加大,地基受力不均和建筑物本身应力等作用,可能会导致建筑物发生变形。这种变形在一定限度内,可视为正常现象;若超过一定限度,就会危及建筑物的安全。因此,应对建筑物进行针对性变形观测,确保正常施工和交付后的正常使用。

为保证建筑物在施工、使用和运行中的安全,以及为建筑物设计、施工、管理及科学研究提供可靠资料,在建筑物施工和运行期间,需要对建筑物的稳定性进行观测,这种观测称为建筑物的变形观测。

根据测量仪器不同,测量方法有常规测量、GPS测量、数字近景摄影测量、激光扫描测量、InSAR测量、专用技术测量等。本任务介绍常规测量。

建筑物变形观测的主要内容有建筑物沉降观测、建筑物倾斜观测和建筑物裂缝观测等。

(一)建筑物沉降观测

建筑物沉降观测是用水准测量的方法,周期性地观测建筑物上的沉降观测点和水准基点之间的高差变化值。

1.布设水准基点

水准基点是沉降观测的基准,因此水准基点的布设应满足以下要求:

（1）要有足够的稳定性。水准基点必须设置在沉降影响范围以外，冰冻地区水准基点应埋设在冰冻线以下 0.5 m。

（2）要具备检核条件。为了保证水准基点高程的正确性，水准基点最少应布设三个，以便相互检核。

（3）要满足一定的观测精度。水准基点和观测点之间的距离应适中，相距太远会影响观测精度，一般应在 100 m 范围内。

2.沉降观测点的布设

进行沉降观测的建（构）筑物，应埋设沉降观测点。沉降观测点的布设应满足以下要求：

（1）沉降观测点的位置。沉降观测点应布设在能全面反映建（构）筑物沉降情况的部位，如建筑物四角、沉降缝两侧、荷载有变化的部位、大型设备基础、柱子基础和地质条件变化处。

（2）沉降观测点的数量。一般沉降观测点是均匀布置的，它们之间的距离一般为 10～20 m。

（3）沉降观测点的设置形式如图 8-3-1 所示。

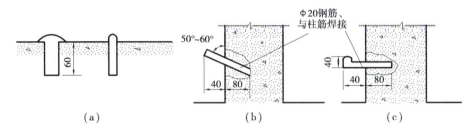

图 8-3-1　沉降观测点的设置形式

（4）观测点应布设成闭合或附合水准路线，并联测到水准点上。

3.进行沉降观测

1）观测周期

观测的时间和次数应根据工程的性质、施工进度、地基地质情况及基础荷载的变化情况而定。

（1）当埋设的沉降观测点稳固后，在建（构）筑物主体开工前，进行第 1 次观测。

（2）在建（构）筑物主体施工过程中，一般每盖 1 或 2 层观测 1 次。如中途停工时间较长，应在停工时和复工时进行观测。

（3）当发生大量沉降或严重裂缝时，应立即或几天 1 次连续观测。

（4）建（构）筑物封顶或竣工后，一般每月观测 1 次，如果沉降速度减缓，可改为 2～3 个月观测 1 次，直至沉降稳定为止。

2）观测方法

观测时先后视水准基点，接着依次前视各沉降观测点，最后再次后视该水准基点，两次后视读数之差不应超过±1 mm。

3）精度要求

沉降观测的精度应根据建（构）筑物的性质而定。

（1）多层建筑物的沉降观测，可采用 DS$_3$ 水准仪，用普通水准测量的方法进行，其水准路线的闭合差不应超过±2.0$\sqrt{n}$ mm(n 为测站数)。

（2）高层建（构）筑物的沉降观测,则应采用 DS_1 精密水准仪,用二等水准测量的方法进行,其水准路线的闭合差不应超过±1.0$\sqrt{n}$ mm(n 为测站数)。

4）工作要求

沉降观测是一项长期、连续的工作,为了保证观测成果的正确性,应尽可能做到四定:固定观测人员,使用固定的水准仪和水准尺,固定观测时间,按固定的实测路线和测站进行。

4.整理沉降观测成果

1）整理原始记录

每次观测结束后,应检查记录的数据和计算是否正确,精度是否合格,然后调整高差闭合差,推算出各沉降观测点的高程,并填入"沉降观测记录表"（见表8-3-1）中。

2）计算沉降量

（1）计算各沉降观测点的本次沉降量:

沉降观测点的本次沉降量=本次观测所得的高程－上次观测所得的高程

（2）计算累计沉降量:

累计沉降量=本次沉降量+上次累计沉降量

将计算出的沉降观测点、本次沉降量、累计沉降量和观测日期、荷载情况等记入"沉降观测记录表"中,见表8-3-1。

表8-3-1 沉降观测记录表

观测次数	观测时间	各观测点的沉降情况						...	施工进展情况	荷载情况 /(t·m⁻²)
		1			2			...		
		高程 /m	本次下沉/mm	累积下沉/mm	高程 /m	本次下沉/mm	累积下沉/mm	...		
1	1985.01.10	50.454	0	0	50.473	0	0	...	1层平口	
2	1985.02.23	50.448	−6	−6	50.467	−6	−6		3层平口	40
3	1985.03.16	50.443	−5	−11	50.462	−5	−11		5层平口	60
4	1985.04.14	50.440	−3	−14	50.459	−3	−14		7层平口	70
5	1985.05.14	50.438	−2	16	50.456	−3	−17		9层平口	80
6	1985.06.04	50.434	−4	−20	50.452	−4	−21		主体完	110
7	1985.08.30	50.429	−5	−25	50.447	−5	−26		竣工	
8	1985.11.06	50.425	−4	−29	50.445	−2	−28		使用	
9	1986.02.28	50.423	−2	−31	50.444	−1	−29			
10	1986.05.06	50.422	−1	−32	50.443	−1	−30			
11	1986.08.05	50.421	−1	−33	50.443	0	−30			
12	1986.12.25	50.421	0	−33	50.443	0	−30			

注:水准点的高程 BM_1:49.538 mm;BM_2:50.123 mm;BM_3:49.776 mm。

3)绘制沉降曲线

如图 8-3-2 所示为沉降曲线图,沉降曲线分为两部分,即时间与沉降量关系曲线和时间与荷载关系曲线。

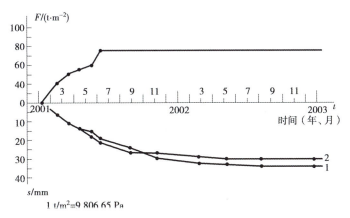

图 8-3-2　沉降曲线图

(1)绘制时间与沉降量关系曲线的方法是:首先,以沉降量 s 为纵轴,以时间 t 为横轴,组成直角坐标系;然后,以每次累计沉降量为纵坐标,以每次观测日期为横坐标,标出沉降观测点的位置;最后,用曲线将标出的各点连接起来,并在曲线的一端注明沉降观测点号码,这样就绘制出了时间与沉降量关系曲线,如图 8-3-2 所示。

(2)绘制时间与荷载关系曲线的方法是:首先,以荷载为纵轴,以时间为横轴,组成直角坐标系;然后,根据每次观测时间和相应的荷载标出各点,将各点连接起来,即可绘制出时间与荷载关系曲线,如图 8-3-2 所示。

(二)建(构)筑物倾斜观测

测定建(构)筑物倾斜度随时间而变化的工作,称为倾斜观测。

1.一般建(构)筑物的倾斜观测

(1)如图 8-3-3 所示,将经纬仪安置在固定测站上,该测站到建筑物的距离为建筑物高度的 1.5 倍以上。

(2)瞄准建筑物上部的观测点 M,用盘左、盘右分中投点法,定出下部的观测点 N。用同样的方法,在与原观测方向垂直的另一方向,定出上观测点 P 和下观测点 Q。

(3)相隔一段时间后,在原固定测站上安置经纬仪,分别瞄准上观测点 M 和 P,用盘左、盘右分中投点法,得到 N' 和 Q'。如果 N 与 N'、Q 与 Q' 不重合,则说明建(构)筑物发生了倾斜。

(4)用尺子量出倾斜位移分量 ΔA、ΔB,并计算出建(构)筑物的总倾斜位移量 Δ,即

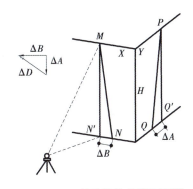

图 8-3-3　一般建筑物的倾斜观测

$$\Delta = \sqrt{\Delta A^2 + \Delta B^2}$$

建(构)筑物的倾斜度 i，其计算公式为：

$$i = \frac{\Delta}{H} = \tan \alpha$$

式中 H——建(构)筑物的高度；

α——倾斜角。

2.圆形建(构)筑物的倾斜观测

对圆形建(构)筑物的倾斜观测，是在互相垂直的两个方向上，测定其顶部中心对底部中心的偏心距。

（1）在烟囱底部横放一根水准尺，在水准尺垂线方向上安置经纬仪，经纬仪距烟囱的距离为烟囱高度的 1.5 倍。

（2）用望远镜将烟囱顶部边缘两点 A、A' 及底部边缘两点 B、B' 分别投到水准尺上，得读数为 y_1、y_1'、y_2、y_2'，如图 8-3-4 所示。烟囱顶部中心 O 对底部中心 O' 在 y 方向上的偏心距 Δy 为：

$$\Delta y = \frac{y_1 + y_1'}{2} - \frac{y_2 + y_2'}{2}$$

（3）用同样的方法，可测得在 x 方向上，顶部中心 O 的偏心距 Δx 为：

$$\Delta x = \frac{x_1 + x_1'}{2} - \frac{x_2 + x_2'}{2}$$

（4）顶部中心 O 对底部中心 O' 总偏心距 Δ 为：

$$\Delta = \sqrt{\Delta x^2 + \Delta y^2}$$

倾斜度 i 为：

$$i = \frac{\Delta}{H}$$

式中 H——烟囱的高度。

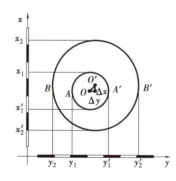

图 8-3-4 圆形建筑物的倾斜观测

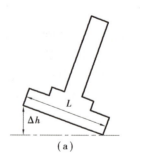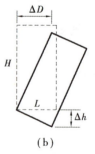

图 8-3-5 基础倾斜观测

3.建筑物基础倾斜观测

建筑物基础倾斜观测一般采用精密水准测量方法，定期测出基础两端点的沉降量差值 Δh，如图 8-3-5(a) 所示，再根据两点间的距离 L，即可计算出基础的倾斜度为：

$$i = \frac{\Delta h}{L}$$

对整体刚度较好的建筑物的倾斜观测,亦可采用基础沉降量差值推算主体偏移值。如图 8-3-5(b)所示,用精密水准仪测定建筑物基础两端点的沉降量差值 Δh,再根据建筑物的宽度 L 和高度 H,推算出该建筑物主体的偏移值 ΔD,即

$$\Delta D = \frac{\Delta h}{L} H$$

(三)建筑物裂缝观测

当建筑物出现裂缝之后,应对裂缝变化情况进行观测,从而掌握裂缝变化趋势。

1.石膏板标志法

(1)用厚 10 mm、宽 50~80 mm 的石膏板(石膏板长度视裂缝大小而定),固定在裂缝的两侧。

(2)定期观测石膏板是否破裂及变形,从而判断裂缝的变化趋势。

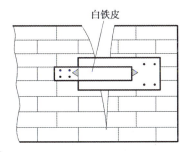

图 8-3-6　建筑物的裂缝观测

2.白铁皮标志法

(1)将一片 150 mm×150 mm 的白铁皮固定在裂缝的一侧。

(2)将另一片 50 mm×200 mm 的白铁皮固定在裂缝的另一侧,使两块白铁皮的边缘相互平行,并使其中一部分重叠,如图 8-3-6 所示。

(3)在两块白铁皮的表面涂上红色油漆。

(4)定期观测白铁皮,如果裂缝继续发展,两块白铁皮将逐渐被拉开,露出正方形上原被覆盖没有油漆的部分,其宽度即为裂缝加大的宽度,可用尺子量出。

 拓展与提高

建筑物位移观测

根据平面控制点测定建筑物的平面位置随时间而移动的大小及方向,称为位移观测。位移观测首先要在建筑物附近埋设测量控制桩,再在建筑物上设置位移观测点,最后进行观测。

(一)角度前方交会法

利用角度前方交会法,对观测点进行角度观测,计算观测点的坐标,利用坐标差值计算该点的水平位移量。若用全站仪,位移观测点的坐标可直接测得。

(二)基准线法

某些建筑物只要求测定某特定方向上的位移量,如沉降公路向外侧滑移量,这种情况可采用基准线法进行水平位移观测。

思考与练习

1.建筑物变形观测的内容及观测方法有哪些?

2.如何对挡土墙实施变形观测?

任务四　竣工总平面图的编绘

任务描述与分析

　　工程完工后,需要办理验收和结算,这就需要对建设成果进行测量,从而需编绘竣工总平面图。另外,竣工总平面图可以反映竣工后的现状,为以后建(构)筑物的管理、维修、扩建、改建等提供依据。

　　本任务的具体要求是:了解编绘竣工总平面图的目的;掌握编制竣工总平面图时需要测量哪些内容;掌握编制竣工总平面图的方法和步骤;掌握编制竣工总平面图的基本方法和基本技能。

方法与步骤

　　1.认识编制竣工总平面图的目的;
　　2.掌握竣工测量的内容和方法;
　　3.掌握竣工总平面图编绘方法及要求。

知识与技能

(一)编制竣工总平面图的目的

　　施工中,多种原因使建(构)筑物竣工后的位置与原设计位置不完全一致,因此需要编绘竣工总平面图。其编制目的是:全面反映竣工后的现状,为以后建(构)筑物的管理、维修、扩建、改建、改建及事故处理提供依据,为工程验收提供依据。

竣工总平面图的编绘包括竣工测量和资料编绘两方面内容。

（二）竣工测量

建（构）筑物竣工验收时进行的测量工作，称为竣工测量。在每一个单项工程完成后，必须由施工单位进行竣工测量，并提出该工程的竣工测量成果，作为编绘竣工总平面图的依据。

1.竣工测量的内容

（1）工业厂房及一般建筑物测定各房角坐标、几何尺寸，各种管线进出口的位置和高程，室内地坪及房角标高，并附注房屋结构层数、面积和竣工时间。

（2）地下管线测定检修井、转折点、起终点的坐标，井盖、井底、沟槽和管顶等的高程，附注管道及检修井的编号、名称、管径、管材、间距、坡度和流向。

（3）架空管线测定转折点、结点、交叉点和支点的坐标，支架间距、基础面标高等。

（4）交通线路测定线路起终点、转折点和交叉点的坐标，路面、人行道、绿化带界线等。

（5）特种构筑物测定沉淀池的外形和四角坐标，圆形构筑物的中心坐标，基础面标高，构筑物的高度或深度等。

2.竣工测量的方法与特点

竣工测量的基本测量方法与地形测量相似，区别在于以下几点：

（1）图根控制点的密度。一般竣工测量图根控制点的密度，要大于地形测量图根控制点的密度。

（2）碎部点的实测。地形测量一般采用视距测量的方法，测定碎部点的平面位置和高程；而竣工测量一般采用经纬仪测角、钢尺量距的极坐标法测定碎部点的平面位置，采用水准仪或经纬仪视线水平测定碎部点的高程。

（3）测量精度。竣工测量的测量精度，要高于地形测量的测量精度。地形测量的测量精度要求满足图解精度，而竣工测量的测量精度一般要满足解析精度，应精确至厘米。

（4）测绘内容。竣工测量的内容比地形测量的内容更丰富。竣工测量不仅测地面的地物和地貌，还要测地下各种隐蔽工程，如上、下水及热力管线等。

（三）竣工总平面图的编绘方法

1.编绘竣工总平面图的依据

（1）设计总平面图，单位工程平面图，纵、横断面图，施工图及施工说明。

（2）施工放样成果，施工检查成果及竣工测量成果。

（3）更改设计的图纸、数据、资料（包括设计变更通知单）。

2.竣工总平面图的编绘方法

（1）在图纸上绘制坐标方格网。绘制坐标方格网的方法、精度要求，与地形测量绘制坐标方格网的方法、精度要求相同。

（2）展绘控制点。坐标方格网画好后，将施工控制点按坐标值展绘在图纸上。展绘点对所临近的方格而言，其容许误差为±0.3 mm。

（3）展绘设计总平面图。根据坐标方格网，将设计总平面图的图面内容，按其设计坐标，用铅笔展绘于图纸上，作为底图。

（4）展绘竣工总平面图。对凡按设计坐标进行定位的工程，应以测量定位资料为依据，按设计坐标（或相对尺寸）和标高展绘。对原设计进行变更的工程，应根据设计变更资料展绘。对凡有竣工测量资料的工程，若竣工测量成果与设计值之差不超过所规定的定位容许误差时，按设计值展绘；否则，按竣工测量资料展绘。

3. 竣工总平面图的整饰

（1）竣工总平面图的符号应与原设计图的符号一致。有关地形图的图例应使用《国家基本比例尺地图图式》（GB/T 20257）规定的符号。

（2）对于厂房应使用黑色墨线，绘出该工程的竣工位置，并应在图上注明工程名称、坐标、高程及有关说明。

（3）对于各种地上、地下管线，应用各种不同颜色的墨线绘出其中心位置，并应在图上注明转折点及井位的坐标、高程及有关说明。

（4）对于没有进行设计变更的工程，用墨线绘出的竣工位置，与按设计原图用铅笔绘出的设计位置应重合，但其坐标及高程数据与设计值比较可能稍有出入。

随着工程的进展，逐渐在底图上将铅笔线都绘成墨线。

拓展与提高

实测竣工总平面图

对于直接在现场指定位置进行施工的工程、以固定地物定位施工的工程及多次变更设计而无法查对的工程等，只有进行现场实测，这样测绘出的竣工总平面图，称为实测竣工总平面图。

思考与练习

1. 竣工测量的主要内容有哪些？

2. 竣工总平面图与竣工图有何区别与联系？

考核与鉴定八

（一）单项选择题

1.建筑物裂缝观测中,石膏板破裂,表明(　　)。

A.裂缝没有变化　　　　B.裂缝变小　　　　　　C.裂缝变大

2.施工场地测量中,首先建立平面控制网和(　　)。

A.高程控制网　　　　　　　　　　　B.轴线控制网

C.建筑物基础轴线　　　　　　　　　D.建筑物细部特征点

3.下列测量中,不属于施工测量的是(　　)。

A.测设建筑基线　　　　B.建筑物定位　　　　C.建筑物测绘　　　　D.轴线投测

4.建筑工程施工中,基础的抄平通常都是利用(　　)来完成的。

A.水准仪　　　　　　　B.经纬仪　　　　　　C.钢尺　　　　　　　D.皮数杆

5.H_1 的高程为 15.670 m,A 为建筑物室内地坪±0.000 m 待测点,设计高程 $H_A = 15.820$ m,若后视读数为 1.050 m,那么 A 点水准尺读数为(　　)时,尺底就是设计高程 H_A。

A.1.200 0 m　　　　　　B.0.900 m　　　　　　C.0.150 m　　　　　　D.1.050 m

6.布设施工平面控制网时,应根据(　　)和施工现场的地形条件来确定。

A.建筑总平面图　　　　　　　　　　B.建筑平面图

C.建筑立面图　　　　　　　　　　　D.基础平面图

7.关于施工测量原则的说法,错误的是(　　)。

A.应使用经过检校的仪器和工具进行步步检校

B.测量人员应仔细操作

C.内业计算和外业观测均应步步校核

D.应采用高精度仪器,力求高精度测量

8.对于建筑物多为矩形且布置比较规则和密集的场地,宜将施工平面控制网布设成(　　)。

A.建筑方格网　　　　　B.导线网　　　　　　C.三角网　　　　　　D.GPS网

9.采用设置轴线控制桩法引测轴线时,轴线控制桩一般设在开挖线(　　)以外的地方,并用水泥砂浆加固。

A.1~2 m　　　　　　　B.1~3 m　　　　　　C.3~5 m　　　　　　D.5~7 m

10.采用轴线法测设建筑方格网时,短轴线应根据长轴线定向,长轴线的定位点不得少于(　　)个。

A.2 个　　　　　　　　B.3 个　　　　　　　C.4 个　　　　　　　D.5 个

（二）多项选择题

1.施工测量的主要内容有(　　)。

A.建立与工程相适应的施工控制网

B.建筑物的放样

C.工程竣工验收

D.建筑物变形观测

2.水准点应设置在(　　　)。

A.施工场地内　　　　　　　　　　　　B.土质坚硬的地方

C.不影响施工的地方　　　　　　　　　D.受保护的地方

3.建筑基线的形式有(　　　)。

A.三点"一"字形　　　B.三点"L"形　　　C.四点"T"形　　　D.五点"十"字形

4.施工场地平面控制网的形式有(　　　)。

A.建筑方格网　　　　　B.导线网　　　　　C.三角网　　　　　D.建筑基线

5.变形观测的主要内容有(　　　)。

A.沉降观测　　　　　　B.倾斜观测　　　　C.位移观测　　　　D.裂缝观测

6.变形观测中的"四定"包括(　　　)。

A.人员　　　　　　　　B.仪器　　　　　　C.线路　　　　　　D.水准点

7.竣工测量的目的(　　　)。

A.反映建筑物竣工后的现状　　　　　　B.为竣工验收提供依据

C.为以后的维修提供依据　　　　　　　D.满足资料要求

(三)判断题

1.施工测量应遵循"从整体到局部,先控制后碎部"的原则。　　　　　(　　)

2.钢结构建筑的施工测量精度要求等同于低层建筑物。　　　　　　　(　　)

3.施工场地高程控制网分为首级网和加密网。　　　　　　　　　　　(　　)

4.施工过程中测量数据要及时校核。　　　　　　　　　　　　　　　(　　)

5.高层建筑垂直度观测竖向误差,在同层内不超过10 mm。　　　　　(　　)

6.地面上的轴线控制桩应位于基坑的上口开挖边界线内。　　　　　　(　　)

7.建筑基线点应不少于2个,以便检测点位有无变动。　　　　　　　(　　)

8.多层建筑施工中,向上投测轴线可以轴线控制桩为依据。　　　　　(　　)

参考文献

［1］梅玉娥,郑持红.建筑工程测量［M］.2版.重庆:重庆大学出版社,2014.

［2］周建郑.工程测量(测绘类)［M］.郑州:黄河水利出版社,2006.

［3］魏静,李明庚.建筑工程测量［M］.北京:高等教育出版社,2002.

［4］梁盛智.测量学［M］.重庆:重庆大学出版社,2002.

［5］李生平.建筑工程测量［M］.武汉:武汉工业大学出版社,1999.

［6］吕云麟.建筑工程测量［M］.武汉:武汉工业大学出版社,1997.

［7］邹永廉.建筑工程测量［M］.武汉:武汉工业大学出版社,1991.